KB0130071

**대.만.맛.집**_우리는 먹으러 대만 간다

**초판 1쇄 발행일** 2016년 9월 24일
**초판 2쇄 발행일** 2017년 2월 15일

**지은이** 페이웬화 · 황윤정
**펴낸이** 허주영
**펴낸곳** 미니멈
**디자인** 황윤정
**일러스트** 페이웬화
**주소** 서울시 종로구 부암동 332-19
**전화 · 팩스** 02-6085-3730 / 02-3142-8407
**등록번호** 제 204-91-55459

**ISBN** 979-11-87694-00-7 13980

레스토랑부터 야시장까지
타이베이의 모든 맛

대만
맛집

우리는 먹으러
대 만 간 다

페이웬화 · 황윤정 지음

minimum

# 推 薦 文

台灣是全球美食文化薈萃之地，向以「美食天堂」享譽全球，美國CNN即曾評選台灣為世界最佳美食旅遊勝地第一名。台灣美食不僅追求色、香、味、型之境界，同時融合了人文、歷史、異國風情以及在地生活智慧，豐富、多元、創新且與時俱進，備受全球各地遊客的喜愛與推崇。

在台灣您可以遍嚐中華料理八大菜系之傳承、邂逅歐亞料理之精髓、徜徉東方人文之悠然、體驗庶民飲食之質樸、暢享兼容東西之料理創新。在高級餐館，抑或街尾巷弄，處處都有令人回味無窮的美食等待您親臨體驗。

俗諺「民以食為天」，飲食是文化的重要載體。駐韓國台北代表部為了增進韓國朋友們對台灣文化之瞭解，近年曾邀請圓山飯店國宴主廚團隊及高雄河邊餐飲集團等名廚來韓展演多元台灣美食，並與我僑界餐飲菁英交流廚藝，傳承發揚，百味競新，引領韓國近年鍾愛中華料理的風潮，廣獲各界熱烈迴響及好評。

這本《臺灣美食家》由作者韓國華僑第三代裴文華君和韓國美食雜誌編輯黃允廷小姐廣泛查考大量資料，實地造訪台灣遍嚐各地美食，經嚴選1百多家真正的臺灣在地好料餐館悉心編輯付梓，忠實、完整地向韓國友人們介紹在地美味，誠屬難得。時值台韓觀光客互訪邁向150萬人次之際，本書諒能作為探索台灣美食的重要參考，本人特為文推薦。同時也鼓勵裴君再接再勵，繼續為大家介紹台灣及韓國在地的美味台灣料理。

　　最後，歡迎大家造訪台灣，隨著《臺灣美食家》的詳盡介紹，親身體驗豐富多元台灣美食！

代表 石定 謹幟

駐 韓 國 台 北 代 表 部

**번역   추천의 글**

대만은 전 세계의 미식이 모인 〈미식천국〉으로 그 명성이 자자하며, 일찍이 미국 CNN을 통해 세계미식가들의 성지로 선정된 바 있습니다. 대만요리는 색·향·맛·멋 등을 추구하는 동시에 인문과 역사를 아우르며, 이국적인 운치와 각 지역의 특색을 적절히 섞어 시대의 흐름에 맞는, 새로우면서도 풍성하고 다양한 먹거리를 선보임으로써 세계 여러 나라 여행객의 사랑과 찬사를 받고 있습니다.

여러분은 대만에서 중국 8대 요리를 맛보실 수 있을 뿐 아니라 유라시아 요리의 진수와 동양 인문의 여유로움을 느끼실 수 있으며, 서민음식의 소박함과 동서양요리를 아우르는 퓨전요리까지도 맘껏 즐기실 수 있습니다. 고급식당만이 아니라 작은 골목의 허름한 식당, 그 어느 곳에서든 여러분을 매혹시킬 준비가 되어 있는 다양한 대만요리가 여러분을 기다리고 있습니다.

'금강산도 식후경'이라는 속담이 있듯이 음식은 문화의 중요한 매개체입니다. 주한 타이베이 대표부에서는 대만문화에 대한 한국인의 이해를 돕기 위해 최근 몇 년간 다양한 사업을 진행하고 있습니다. 한 예로 대만 그랜드호텔의 국빈만찬 담당 수석셰프들과 까오슝 지역 맛집의 유명 셰프들을 초청해 다양한 대만요리를 선보이는 행사를 개최하기도 했으며, 이들 셰프들과 재한화교계의 젊고 총망받는 셰프들과의 교류를 활성화시켜 대만요리의 기술뿐 아니라 전통과 맛을 계승하게 하고, 이를 바탕으로 한 신메뉴 개발 등을 지원하는 사업을 펼쳤습니다. 최근 몇 년간 한국에서 일어난 중화요리 붐은 이러한 사업의 결과이며 이러한 시도들은 각계각층의 열렬한 지지와 호평을 이끌어냈습니다.

이 책 〈대만맛집〉은 화교 제4세대인 작가 페이웬화 씨와 한국미식잡지 편집인인 황윤정 씨가 광범위한 자료조사와 대만각지를 돌아다니는 현지답사를 통해 대만 각지의 맛집 백여 곳을 엄선하여 출판한 책으로 한국 독자에게 대만 각지의 맛있는 요리를 완벽하게 소개한 매우 귀중한 책입니다. 바야흐로 양국을 오가는 관광객의 수가 한해 150만 명을 넘어서는 이때, 이 책은 대만의 미식을 탐방하는 데 요긴한 참고자료가 될 것입니다. 이에 이 추천사를 적으며, 더불어 페이웬화 씨가 앞으로도 지속적으로 대만과 한국에 있는 맛있는 대만요리를 소개시켜주길 바라는 바입니다.

마지막으로 한국인 여러분의 대만 방문을 진심으로 환영하며, 대만에 가셔서 이 책 〈대만맛집〉에 상세히 소개된 다양한 대만요리를 직접 체험하며 즐기시길 바랍니다.

주한 타이베이 대표부 대사 스딩 石定석정 배상

(번역 김은주)

저자의 말

# 미식美食부부의
# 대만맛집 탐사기

2014년의 어느 날, 디자이너인 한 여자는 자신을 화교 4세라고 소개하는 동갑내기 디자이너 청년을 만났다. 그때 그와 함께 처음 먹었던 메뉴는 중국집 배달음식. 평소에도 새로운 음식에 관심이 많았던 여자는 그 와중에도 짬뽕이나 짜장면이 아니라 난자완스를 시켰고, 남자는 배달된 난자완스를 보자마자 난자완스의 탄생과 레시피에 대해 열정적으로 설명했다. 이렇게 음식에 대한 열정과 지식을 갖고 있는 디자이너를 여태껏 본인 외에는 단 한 번도 만나보지 못했던 여자는 그 남자가 무척이나 신기하고 재밌었다. 여자는 그날의 난자완스 맛은 잘 기억나지 않았지만 그 청년에 대한 기억만큼은 무척이나 또렷했다.

이 청년은 자신의 국적을 대만이라고 소개했다. 그리고 대만에는 정말 맛있는 음식이 많다며 여자가 가면 정말 좋아할 것이라고 장담했다. 처음 가본 대만에서 그가 데려간 맛집들의 음식은 하나같이 훌륭했다. 여자는 인생에서 가장 맛있는 동파육을 맛보았고 여느 유명 망고빙수보다 훨씬 농도가 깊고 달콤한 망고빙수도 만났다. 여자는 바로 그날부터 대만과 사랑에 빠지고, 그 뒤로 둘의 여행 행선지는 늘 대만이었다.

평소에는 카페에서 노트북을 켜 서로의 일을 열심히 하고, 짬이 날 때마다 짧게라도 대만에 먹으러 다녀왔다. 맛집탐색이 특기인 남자와 맛리뷰가 취미인 여자가 만나니 자연스럽게 콘텐츠가 차곡차곡 쌓여갔다. 남자는 대만음식을 소개하는 현지 방송을 시청하며 대만의 맛에 대한 지식을 쌓았고 실시간으로 대만의 맛집랭킹사이트를 검색하며 현재 가장 트렌디한 맛집을 데이터베이스화했다. 여자는 이 낯선 대만의 맛을 어떻게 하면 한국사람에게 쉽고 친근하게 설명할 수 있을까 고민하며 남자의 데이터를 맛깔나게 버무렸다. 요리로 비유하면 남자는 현지에서 신선한 재료를 공수했고 여자는 그 재료로 최선을 다해 맛있게 요리한 셈이다.

그리고 이 재미있는 내용을 둘만 즐기기에는 아깝다는 생각이 들 찰나, 미니멈에서 〈제주맛집〉에 이은 맛집 책 시리즈로 출판될 기회가 생겼고 그 이후부터 본격적으로 차근차근 집필해갔다.

이 책이 나오는 데 가장 감사드리는 분은 역시 미니멈 출판사의 허주영 편집장님이다. 대만으로 여행을 떠나는 국내 여행객 수가 놀라울 정도로 많아졌고, 그 여행의 목적에 대만맛집이 차지하는 비중이 아주 큰데도 불구하고 대만맛집을 본격적으로 다룬 책이 없다는 사실을 강조하며 용기를 북돋아주셨다. 편집장님의 이러한 응원이 없었더라면 이 콘텐츠는 아마 여전히 세상의 빛을 보지 못했을 것이다. 숨겨진 대만맛집을 알려주신 한성화교중학의 왕우링王五玲왕오령선생님, 초고를 자세히 읽고 즐거워해주신 주한 타이베이 대표부의 비서 려우쮜인난劉俊男유준남님께도 감사의 인사를 드린다. 그리고 이 책을 읽고 크게 기뻐하시며 추천사를 써주신 주한국 타이베이 대표부 스딩石定석정 대사님께도 감사드린다. 대사님의 추천 덕에 이 책이 더 큰 공신력을 얻게 되었다. 덧붙여 남들이 봤을 때 디자이너 둘이 엉뚱한 짓을 하고 다니는데도 넉넉하게 두 사람을 지켜봐주신 양가 부모님께도 다시금 감사의 인사를 드리고 싶다.

이 책이 대만을 여행하는 당신의 한 끼를 즐겁게 만들 수 있다면 그것만큼 귀중하고 가치 있는 일은 없다. 그러니 부디 맛있게, 그리고 행복하게 대만에서 먹다오기를 바란다.

우리는 먹으러 대만 간다!

**상수동에서, 페이웬화裵文華배문화 · 황윤정**

# 책 을 읽 기 전 에

**1**   식당 정보는 2017년 2월 1일 현재 정보다. 우리나라와 달리 대만은 식당이 크게 유명해지거나 손님이 많아져도 건물을 새로 세우거나 넓은 곳으로 이전하는 경우는 많지 않다. 그러나 혹 변동되었을 수도 있으니 사전에 검색 정도는 해보는 것이 좋겠다.

**2**   식당 이름과 음식 이름 등은 현지발음, 한자, 음독을 동시에 표기했다. 발음은 중국 표준어를 한국어로 읽었을 때 나는 발음을 우선으로 작성했다. 그러나 표준어가 아니라 특수한 대만 방언으로 읽어야 하는 음식일 경우, 현지인의 발음에 따라 대만 방언으로 선택해 표기하였다.
EX) 蚵仔煎은 본래 중국 표준어 발음으로 '허자이지엔'이라 읽으나 대만 방언인 '으어아지엔'으로 표기하였다.

**3**   〈구글맵Google Maps〉으로 현지 활용도를 높였다. 식당의 인포메이션 박스에 해당 식당을 찾아가는 방법을 돕고자 구글맵 좌표를 표기하였다. 이 이용방법은 오른쪽 페이지 〈구글맵 좌표 이용방법〉을 참고하면 된다. 더불어 대중교통을 이용해 어떤 역에서 몇 분 거리인지 대략적으로 표기해놓았으니 참고해 일정을 짜면 된다.

**4**   〈Chapter 7 여행의 끝은 편의점 · 마트 쇼핑〉에서는 대만에 가서 구입할 수 있는 음식상품을 골랐다. 까르푸나 기타 대형마트에서 사면 된다. 요리할 수 있는 게스트하우스에서 조리해서 먹어봐도 좋겠다.

**5**   〈TAIWAN RESTAURANT-MENU GUIDE〉에서는 한자가 낯선 여행자를 위해 각 식당의 추천메뉴의 한자를 크게 확대해 이미지와 함께 정리해두었다. 여행지에서는 이 페이지만 자르거나 제본해서 들고다니면 유용할 것이다.

**6**   〈TAIWAN RESTAURANT-MRT MAP〉 개정판 책의 마지막에는 책에 나온 맛집들이 표기된 MRT(대만지하철)중심의 〈대만 맛집 지도〉를 부록으로 추가하였다. 여행일정을 짜면서 맛집의 위치를 함께 확인할 수 있다.

# 구 글 맵  좌 표  이 용 방 법

최근 여행자들은 구글에서 제공하는 지도, 구글맵Google Maps을 많이 이용하
고 있다. 그러나 대만식당의 이름은 대부분 한자라 식당 이름을 직접 입력해
서 찾기가 힘들다. 독자들이 원하는 식당을 빠르고 확실하게 찾을 수 있도록
본문에 수록된 모든 식당에 구글맵에서 사용되는 좌표주소를 수록했다.
구글맵주소 https://www.google.co.kr/maps
*본 이용방법은 2017년 2월 기준이다.

**1** 컴퓨터나 모바일로 구글맵을 접속
한다. 구글맵 어플을 다운받으면 더 편
리하게 이용할 수 있다.
**2** 구글지도 검색에 본문에 수록된 주
소를 입력한다. 쉼표와 마침표를 유의해
서 입력하자.
**3** 지도에 해당 좌표가 입력된다. 저장
버튼을 누르면 해당 식당의 지도가 저
장된다.
**4** 컴퓨터에서는 빨간 지점에 마우스
를 놓고 마우스 오른쪽 버튼을 누르면
'이곳이 궁금한가요?' 버튼이 나오는데
클릭하면 주소지가 뜬다. 모바일에서는
탭을 두번 누르면 해당주소가 나온다.

# 대.만.맛.집    우리는 먹으러 대만 간다

**추천의 글**
주한 타이베이 대표부 대사 스딩石定 **004**
**저자의 말**
미식美食부부의 대만맛집 탐사기 **006**

**책을 읽기 전에 008**
**구글맵 좌표 이용방법 009**

## CHAPTER 1
### 근사한 레스토랑에서의 정찬

**쩌이꿔** 這一鍋 진시황의 샤브샤브 **014**

**성위엔스과샤오롱탕빠오** 盛園絲瓜小籠湯包
    저렴하면서도 수준 높은 샤오롱빠오 **020**

**까오지** 高記 고기만두의 신세계 **024**

알수록 맛있는 정보 | 소동파의 요리 똥퍼러우 **028**

**산웨이스탕** 三味食堂 연어를 사랑하는 그대에게 **029**

**딘타이펑** 鼎泰豐 원조의 위엄 **032**

**꾸공징화** 故宮晶華 맛으로 기억하는 보물의 여운 **036**

**카이판** 開飯 대만에서 맛보는 사천요리 **040**

**동먼쟈오즈관** 東門餃子館
    샤브샤브의 최고봉 동북식 샤브샤브 **044**

**팀호완** 添好運 맛은 호텔, 가격은 길거리 **047**

**덴수이러우** 點水樓 샤오롱빠오의 신흥 강자 **051**

알수록 맛있는 정보 | 딘타이펑 VS 덴수이러우 **055**

**지에싱강쓰인차** 吉星港式飲茶
    24시간 열려있는 홍콩의 아침 **056**

**산허위엔** 參和院 사랑스럽고 로맨틱한 식사 **060**

**샤오리즈칭쩌우샤오차이** 小李子清粥小菜
    대만 가정식 반찬 뷔페 **064**

**빠오빠오Bunsbao** 包包Bunsbao
    미래의 대만 대표음식 **067**

## CHAPTER 2
### 현지인이 즐겨먹는 평범한 한 끼

**스찌쩡쭁뉴러우미엔** 史記正宗牛肉麵
    대만 최강의 뉴러우미엔 **072**

**린동팡뉴러우미엔** 林東芳牛肉麵
    내 인생 최고의 뉴러우미엔 **075**

알수록 맛있는 정보 | 뉴러우미엔의 기구한 역사 **078**

**마싼탕** 麻膳堂 깔끔하게 즐기는 대만 전통음식 **079**

**라오파이황찌뚜언러우판** 老牌黃記燉肉飯
    대만사람의 진짜 식사 **082**

**후쉬쌍루러우판** 鬍鬚張魯肉飯
    깔끔한 루러우판 집도 있다 **084**

알수록 맛있는 정보 | 대만식 가벼운 한 끼 식사 러우판 **086**

**량찌찌아이찌러우판** 梁記嘉義雞肉飯
    대만까지 가서 먹어야 하는 닭고기밥 **087**

**쩌우찌러우쩌우띠엔** 周記肉粥店
    60년 전통의 아침식사 집 **090**

**바이예원저우따훤뚜언** 百葉溫州大餛飩
    학창시절 주걸륜을 사로잡은 집 **093**

**쓰찌에또우장따왕** 世界豆漿大王
    아침마다 생각나는 대만의 맛 **096**

**푸항또우장** 阜杭豆漿 인생 또우장을 기다리며 **100**

**펑청사오라위에차이** 鳳城燒臘粤菜
    대만에서 맛보는 홍콩의 한 끼 **103**

**타이티에삐엔땅** 台鐵便當
    대만철도청에서 만든 도시락 **106**

**샹이에삐엔땅** 鄉野便當 도시락의 정석 **108**

**린허파** 林合發 두고두고 생각나는 푸짐함 **110**

CHAPTER 5
달콤하고 이색적인 디저트

리팅샹빙푸 李亭香餅舖
아름다운 대만 전통과자점 148

츠츠칸 吃吃看 대만에만 있는 치즈케이크 151

우바오춘마이팡띠엔 吳寶春麥方店
대만 최고의 빵집 152

춘수이당 春水堂 클래스가 다른 원조 버블티 156

85℃ 85度C 달콤 씁쓸 짭짤, 소금커피 159

펑다카페 蜂大咖啡 드립커피랑 호두쿠키랑 160

똥시엔탕 冬仙堂
대만에도 몇 없는 똥꽈차 전문점 162

알수록 맛있는 정보 | 열을 내리는 작물 동과 163

카이먼차탕 開門茶堂 우아하고 향긋한 시간 164

용푸삥치린 永富冰淇淋 맑고 청량한 아이스크림 167

마오펑화성탕 茂豐花生湯
시장에서 먹는 최고의 땅콩탕 168

8%ICE 이런 아이스크림 또 없습니다 170

바이후즈 白鬍子 위스키로 아이스크림을? 172

쉐왕삥치린 雪王冰淇淋
세상 가장 독특한 아이스크림 173

사오또우화 騷豆花 또우화의 세련된 변화 176

시아수티엔핀 夏樹甜品
엄마가 만들어주는 아몬드 디저트 178

CHAPTER 3
훌훌 가볍게 먹는 작은 간식거리

아종미엔시엔 阿宗麵線 재미나는 식감의 조화 114

린총좌빙 林蔥抓餅 손맛의 쫄깃함 116

티엔진총좌빙 天津蔥抓餅
아시아에서 가장 맛있는 인생역전 118

왕찌푸청러우쫑 王記府城胡粽
약밥 같은 약밥 아닌 쫑즈 120

알수록 맛있는 정보 | 애통한 쫑즈의 전설 121

푸저우웬주후쟈오빙 福州元祖胡椒
세상 어디에도 없는 고기만두 122

CHAPTER 4
대만식 안주와 가볍게 한잔

상인웨이창 上引水産
수산시장에서의 근사한 만찬 126

롱먼커지엔쟈오즈관 龍門客棧餃子館
중국 객잔에서의 한잔 130

우밍을번랴오리띠엔 無名日本料理店
무심해서 마음 편한 무명식당 134

하오찌단짜이미엔 好記擔仔麵
흔치 않은 대만식 선술집 136

알수록 맛있는 정보 | 비싸고 귀한 몸 숭어알, 우위즈 139

아차이더띠엔 阿才的店 "여긴 다음에 또 오자" 140

알수록 맛있는 정보 | 대만의 근현대사를 담고있는 맛집 145

CHAPTER 6
대만맛집의 최종목적지 야시장

스린야시장 182

스다 · 꽁관야시장 192

닝샤야시장 200

딴수이 208

타이완대학 216

CHAPTER 7
여행의 끝은 편의점 · 마트 쇼핑 225

special gift 1 대만 맛집 메뉴판 가이드 TAIWAN RESTAURANT - MENU GUIDE

special gift 2 대만 맛집 지도 TAIWAN RESTAURANT - MRT MAP

# 근사한
# 레스토랑에서의
# 정찬

### 진시황의 샤브샤브

# 쩌이꿔
## 這一鍋
### 저 일 과

## INFO

**ADD** 台北市中山區中山北路三段3號
**TIME** 월~금
11:30~14:00, 17:00~00:00
토, 일 11:30~00:00
**HOW TO GO**
민취엔시루民權西路 역
9번 출구 도보 10분
**Google Map**
25.065701, 121.522503

진시황이 샤브샤브 집을 차렸다면 이런 모습이었을까? 샤브샤브 집 쩌이꿔這—鍋저일과를 방문하면 드는 생각이다. 진시황의 무덤에서 발굴된 병사인형과 청동솥 등 전통유물로 장식해놓은 쩌이꿔는 샤브샤브 집이라기보다는 박물관에 가까워보인다. 중국 전통에서 따온 고풍스러운 인테리어와 장식은 한눈에 보기에도 우아하고 고급스럽다.

연신 감탄사를 내뱉으며 주변을 두리번거리다 비로소 자리에 앉으면 직원이 기다렸다는 듯 상냥하게 주문을 받는다. 이때 기본으로 시켜야 하는 것이 냄비와 밑국물이며, 빨간 홍탕과 하얀 백탕을 나눠 한솥에서 두 가지 맛을 보는 롱펑위엔양꿔龍鳳駕鴦鍋용봉원앙과탕이 가장 인기 있는 메뉴다.

이곳의 탕은 기본적으로 닭육수, 돼지뼈, 닭뼈, 돼지다리살을 우려 만들어 매우 깊고 진하다. 홍탕은 백탕에 매운 마라소스를 넣은 형태인데 보통 다른 곳의 홍탕이 입안이 얼얼하고 속이 쓰린 것과 달리 이곳의 홍탕은 순하고 담백한 편이다. 뼈국물을 깊게 우린 것이 이곳의 장점이라 그 맛을 해치지 않기 위해 매운 소스를 많이 넣지 않았기 때문일 것이다. 그래서 쩌이꿔의

동과와 레몬으로 만든 슬러시인 닝멍뚱
꽈삥사(檸檬冬瓜冰沙). 동과의 구수함
과 레몬의 상큼함의 조화가 훌륭한 슬러
시다. 훠궈를 먹다 텁텁하고 얼얼해질 때
이 슬러시를 마시면 개운하게 리셋된다.
가격은 4~5000천 원선으로 훠궈와 함
께 꼭 마셔보기를 권한다.

홍탕은 한국사람 입맛에 무척 잘 맞는 편이다.

그리고 홍탕과 백탕 모두 기본적으로 두부와 오리선
지가 들어있는데 다 먹어간다 싶으면 직원이 두부와
오리선지를 다시 리필해준다. 오리선지는 푸딩처럼
말캉하게 굳어진 형태로 호불호가 갈릴 수 있는데, 해
장국의 선지를 좋아하는 사람이라면 먹어볼만하다.
두부는 나오자마자 먹기보다는 두부 안에 국물이 충
분히 배어들었을 때 먹기를 권한다.

이렇게 기본적인 탕을 시키고 난 후, 취향별로 고기
나 야채 등을 골라 주문하면 된다. 사실 야채나 고기
등의 옵션메뉴는 한국과 비슷한데 대만에서만 먹어볼
수 있는 샤브샤브의 재밌는 메뉴가 바로 완자. 우리
나라로 따지면 어묵이라 생각하면 되는데 대만의 완

자는 소고기, 삼겹살, 새우, 오징어, 생선 등 다양한 재료를 다져 동글한 형태로 빚은 것이다. 보통 다른 훠궈 집의 완자는 냉동완자인데 이곳의 모둠완자인 쫑허셔우꽁완綜合手工丸종합수공환은 직접 손으로 빚어 재료 본연의 맛이 생생하게 살아있으면서 쫄깃함이 더하다. 특히 삼겹살을 갈아 만든 완자는 살짝 산초가루를 넣어 맛이 얼얼한데 다른 완자에 비해 식감이 더 탱탱하니 취향껏 골라 먹어보자.

키조개관자살과 참치흰살을 다져놓은 깐빼이쩐쭈화干貝珍珠滑간패진주활 또한 쩌이꿔의 시그니처 메뉴다. 보통 한국에서 키조개관자살은 비싼편이라 몇 점 먹지 못하는데 이곳은 관자살을 아예 잘게 다져 덩어리로 뭉쳐 나오니 이를 맛보는 것만으로도 여기까지 온 가치는 충분하다. 뭉쳐진 관자살의 쫀득함은 그 식감이 일품일뿐 아니라 조개의 풍미가 대단하다. 그런데 관자살을 먹는 과정 또한 재미있다. 메뉴를 주문하면 아이스크림 막대같은 것을 같이 주는데 자기가 먹고 싶은 만큼, 또는 한입크기만큼 막대로 똑똑 떼어 끓는 탕에 투하시킨다. 마치 젤라토를 떼어서 탕에 넣는 느낌이다.

자, 이제 해산물을 먹어봤으니 본격적으로 고기를 먹을 차례다. 사실 이 쩌이꿔에서 소고기와 돼지고기를 시키지 않는다면 이곳의 진면목을 반도 경험하지 못하는 셈이다. 쩌이꿔의 고기류는 맛뿐 아니라 비주얼도 압도적이다.

일단 돼지고기 가운데 메인메뉴인 쏭반쭈러우松阪豬肉송반저육는 플레이팅부터 기가 막히다. 돼지고기가 삼겹살처럼 썰어 나오는 것이 아니라 꽃 모양으로 곱게

(위) 손으로 빚은 쫑허셔우꽁완
(아래) 키조개관자살과 참치흰살 다져놓은 깐빼이쩐쭈화

**TIP**

**대만식 샤브샤브소스를 만들어보자!**
테이블 한쪽 코너에 밥과 소스를 준비해두었다. 백탕에 밥을 말아먹기를 추천한다. 그리고 고기나 야채는 대만식 소스를 만들어서 찍어 먹기를 권하는데 어떻게 소스를 배합해야 할지 모를 때는 점원에게 물어보자. 참고로 모든 소스를 골고루 섞어서 먹는 게 가장 맛있다.

쑹반쭈러우가 익는 시간을 재는 모래시계 　　꽃 모양으로 장식된 쑹반쭈러우

포개어져 나온다. 한마디로 '고기꽃'이 핀 셈이다. 그런데 이 고기를 먹는 과정 역시 매우 재미있다. 보통 이 꽃 모양의 고기를 한 점 한 점 떼어 샤브샤브로 먹을 것이라고 생각하겠지만 여기서는 절대 그렇게 먹으면 안 된다. 일단 돼지고기와 함께 나온 모래시계를 필수 준비물로 옆에 챙겨놓는다. 그리고 고기꽃을 팔팔 끓는 탕 안에 통째로 넣는다. 비주얼이 마치 물위에 핀 연꽃같이 황홀하다. 그러나 여기서 정신을 놓지 말고 고기를 넣자마자 바로 모래시계를 뒤집는다. 그리고 모래시계가 한 번 다 내려왔을 때쯤 다시 모래시계를 뒤집는다. 이렇게 왕복으로 모래가 내려오고 나면 어느새 붉은 고기가 흰색으로 변하고 저절로 탕 안에 풀어져 딱 먹기 좋은 상태가 된다. 보통 샤브샤브를 먹을 때 기다리는 걸 참지 못해 바로바로 고기를 먹어버리는데 돼지고기는 덜 익힌 상태에서 먹으면 탈이 나기 쉽다. 그래서 쩌이꿔에서는 모래시계라는 묘안을 낸 셈이다.

이 돼지고기는 시각적인 아름다움만큼이나 맛 역시 훌륭하다. 쩌이꿔의 돼지고기는 일본의 마츠야마松山송산의 돼지고기를 쓰는데 한국에서 먹는 삼겹살과 항정살의 중간 정도의 식감으로 부드럽지만 쫄깃하다. 그리고 돼지고기 누린내가 나지 않고 미묘한 향이 있어 백탕과 함께 먹으면 그럴듯한 돼지국밥처럼 느껴진다.

다음으로는 소고기 선시엔녀우러우神仙牛肉신선우육를 시켜보자. 아마 소고기가 플레이팅 되는 순간 누구나 눈이 휘둥그레질 것이다. 보통 동그랗게 말려나오는 우리나라의 소고기 플레이팅과 달리 여기는 소고기가 빨래대에 주렁주렁 걸린 것 같은 비주얼이다. 그런데 자세히 보면 고기의 신선함을 유지하기 위해 밑에서는 드라이아이스에 물을 채워 소고기를 계속 냉각시키는 것을 볼 수 있다. 이렇게 신선함을 유지한 덕인지 쩌이꿔의 소고기 역시 다른 훠궈 집의 소고기보다 더 부드럽다.

드라이아이스에 신선한 상태로 서빙되는 선서앤너우러우

자, 그런데 중요한 건 가격이다. 사실 이렇게 고급스러운 비주얼과 양질의 재료를 보고 가격이 비쌀까봐 미리부터 마음속에서 이 레스토랑을 패스하는 사람도 있을 것이다. 그러나 결론부터 말하면 쩌이궈는 1인당 3만 원꼴로 한국의 질 좋은 갈비가격 정도다. 사실 보통 한국사람이 많이 찾는 대만의 무한리필 샤브샤브의 가격은 대략 1인 2만5000원 가량이다. 그러나 이런 무한리필 샤브샤브는 전반적으로 재료의 퀄리티가 떨어지고 셀프로 음식을 가져다먹어야 하기 때문에 정신도 없고 제대로 맛을 음미하기가 어렵다. 그러나 그 금액에 약 5000원 정도만 더 지불하면 훌륭한 수준의 샤브샤브를 우아한 분위기에서 즐길 수 있으니 무한리필을 좋아하지 않는 사람, 또 대만의 완성도 높은 훠궈를 맛보고 싶은 사람에게 쩌이궈는 꽤나 합리적인 선택이다.

진시황의 샤브샤브, 쩌이궈를 꼭 기억해두자.

저렴하면서도 수준 높은
샤오롱빠오

# 성위엔스과
# 샤오롱탕빠오

盛園絲瓜小籠湯包
성 원 사 과 소 롱 탕 포

## INFO

**ADD** 台北市大安區杭州南路
二段25巷1號
**TIME** 11:30~14:30, 16:30~21:30
**HOW TO GO**
동먼東門 역 3번 출구 도보 10분
**Google Map**
25.033872, 121.523869

샤오롱빠오小籠包소롱포를 고기가 들어간 만두라고만 생각하면 오산이다. 게내장, 새우 등 다양한 재료로 속을 채운 것 역시 샤오롱빠오라 한다. 그런데 수세미로 만든 샤오롱빠오가 있다면? 혹자는 더러운 수세미로 어떻게 샤오롱빠오를 만드냐며 뜨악할 테지만 대만에는 정말 수세미로 샤오롱빠오를 만드는 곳이 있다. 성위엔스과샤오롱탕빠오盛園絲瓜小籠湯包성원사과소롱탕포는 이름에서도 볼 수 있듯 스과수세미絲瓜사과샤오롱빠오가 메인이다.

물론 수세미라고 해서 우리가 생각하는 그런 철수세미를 말하는 게 아니다. 수세미는 호박, 수박 같은 박과채소의 한 종류로서 잘 말리면 마치 섬유조직 같아져서 예로부터 그릇 등을 닦을 때 유용했다. 그래서

'수세미'라는 단어가 그릇을 닦는 생활용품의 대명사가 된 것인데, 원래 수세미는 식용으로도 많이 쓰인다. 특히 찌면 아주 담백해져 중국 요리사들이 사랑하는 재료 가운데 하나다. 이 레스토랑에서는 수세미를 넣은 샤오롱빠오인 스과샤오롱탕빠오絲瓜小籠湯包사과소롱탕포를 간판요리로 판매하고 있다.

사실 수세미샤오롱빠오의 첫맛은 일반적인 고기샤오롱빠오와의 차이가 딱히 느껴지지 않는다. 그런데 씹으면 씹을수록 수세미의 담백함이 선명해진다. 고기샤오롱빠오가 고기만으로 채워져서 다소 느끼한 반면 수세미샤오롱빠오는 한 판을 다 먹어도 입안이 상쾌하다. 고기누린내를 싫어하는 사람에게는 분명 괜찮은 대안이 될 것이다. 그러나 채식주의자가 아닌 이상 수세미샤오롱빠오보다는 가장 일반적인 오리지널 샤오롱빠오인 상하이샤오롱탕빠오上海小籠湯包상해소롱탕포가 더 입맛에 맞을 것이다. 이 집의 샤오롱빠오는 육즙은 적지만 돼지고기의 고소함이 살아있어 삼겹살을 좋아하는 한국사람 입맛에 잘 맞는다.

줄이 늘 길게 늘어서 있어
웨이팅은 감내하고 방문해야 한다.

샤런쇼마이

위에서부터 샤런쇼마이, 셰황탕빠오, 그리고 가장 기본적인 상하이샤오롱탕빠오. 다양한 샤오롱빠오를 합리적인 가격에 먹을 수 있는 게 이곳의 장점이다.

소에 게내장을 넣어 만든 셰황탕빠오蟹黃湯包<sup>해황탕포</sup> 역시 추천한다. 게내장과 함께 게알이 들어있어 꼬독 꼬독 씹히는 알의 식감이 재미있을뿐더러 게 특유의 해산물 향이 확 퍼져 인상적이다.

새우쇼마이인 샤런쇼마이蝦仁燒賣<sup>하인소매</sup>는 위에 새우가 올라가고 다진 돼지고기를 두툼하게 뭉쳐서 올려놓았는데 새우 향보다는 돼지고기 맛이 강해서 새우 맛을 기대하면 조금 실망할 수도 있다.

그러나 전반적으로 모든 샤오롱빠오가 가격에 비해 맛이 좋아 타이베이에서 가성비 좋은 샤오롱빠오 맛집을 꼽자면 단연코 여기다.

뿐만 아니라 다른 식사메뉴들 역시 가격대비 훌륭하다. 개중 추천 메뉴는 샤오싱쭈에이지 紹興醉雞<sup>소흥취계</sup>다. 이 메뉴는 '술 독에 빠진 닭'이라고 생각하면 된다. 중국 전통술 샤오싱 져우紹興酒<sup>소흥주</sup>에 닭고기를 재워서 졸인 음식인데 닭고기에 배인 술의 떫은

닭고기를 술에 재워 졸인 음식.
샤오싱쭈에이지

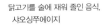

식초와 고추, 후추를 섞어
걸쭉하고 시큼한 맛을 낸
산라탕(酸辣湯)

바삭하게 구워 고기소를 넣은
군만두 꿔티에(鍋貼)

맛이 굉장히 독특하다. 사실 이 집의 샤오싱쭈에이지
는 술향이 너무 세서 한국사람이 좋아할 맛은 아니나
대만에 와서 특이한 걸 먹어보고 싶은 사람에게는 권
할만하다.

냉채치킨이라고 할 수 있는 산동싸오찌山東燒雞산동소계
역시 추천이다. 마늘 베이스의 식초소스에 샐러리와
양상추 등 채소를 얹은 차가운 치킨이다. 새콤달콤한
치킨 맛이 신기하면서도 한국사람 입맛에 잘 맞는다.

성위엔스과샤오롱탕빠오는 아직까지 한국사
람에게 유명한 레스토랑은 아니지만,
주머니 사정이 가벼운 여행자가
최고의 샤오롱빠오를 맛볼
수 있는 고마운 집이니 꼭
기억하도록 하자.

반찬을 고를 수 있는 코너가 있다. 물론
유료. 그 옆에는 생강과 간장, 흑초 등 샤
오롱빠오의 간장을 제조할 수 있는 코너
가 마련되어 있어 원하는 대로 배합할 수
있다.

마늘 베이스의 식초소스에
샐러리와 양상추를 함께 얹은
냉채치킨, 산동싸오찌

고기만두의 신세계

# 까오지
高記
고 기

## INFO

**ADD** 台北市大安區永康街1號
**TIME** 월~금 10:00~22:30
토, 일 08:30~22:30
**HOW TO GO**
동먼東門 역 5번 출구 도보 2분
**Google Map**
25.033330, 121.529969

가난한 여행족이라 저렴하고 알뜰하게 다닌다고 해도 한 끼 정도는 근사한 레스토랑에서 식사하고 싶을 것이다. 보통 그때 선택하는 것이 딘타이펑鼎泰豊정태풍인데 사실 딘타이펑은 이미 한국에도 많이 들어와 있기도 하고 이미 딤섬을 먹어본 이라면 좀 색다른 곳이 없을까 고민하게 된다. 딘타이펑과 같이 잘 단장한 레스토랑 느낌이 나면서도 딤섬이 아닌 다른 메뉴를 먹어보고 싶다면 답은 까오지高記고기다.

물에 튀기듯 굽는 성지엔빠오

까오지는 일단 외관부터가 으리으리하다. 특히 까오지 본점인 용캉지에永康街영강가 점은 통유리로 만든 4층짜리 건물에 중국 전통 느낌을 담아 고풍스러우면서도 현대적이다. 내부 인테리어 역시 딘타이펑보다 전통적인 느낌이 훨씬 강해 마치 중국영화 세트장에 온 듯하다.

그런데 까오지의 하이라이트는 1층의 오픈키친이다. 통유리로 된 유리창 안에서 직원들이 열심히 만두 만드는 모습을 볼 수 있는데 그 다이내믹한 모습에 도저히 눈을 뗄 수가 없다. 그런데 직원들이 만들고 있는 만두는 샤오롱빠오가 아니다. 샤오롱빠오가 고기소를 넣어 찜통에 찐 만두라면, 이 만두요리는 물만두와 군만두의 중간에 가깝다.

일단 만드는 과정부터가 그렇다. 철판에 만두를 굽다가 일정 시간이 되면 물을 조금 넣는데 그때 철판에서 만두가 물과 만나 치익~ 하는 소리를 내며 마치 만두가 튀겨지듯 구워진다. 미각뿐 아니라 시각, 청각까지 자극하는 한편의 '만두쇼'를 보는 것 같다.

이렇게 튀겨지듯이 구운 만두가 까오지의 대표메뉴인 성지엔빠오生煎包생전포다. 딤섬과 샤오롱빠오를 딘타이펑에서 먹어줘야 한다면 까오지에서는 성지엔빠오라는 만두를 꼭 먹어줘야 한다. 성지엔빠오는 물로 튀겼기 때문에 군만두처럼 너무 바삭하거나 느끼하지 않으면서 만두 자체가 적당한 촉촉함을 머금고 있다. 그래서 만두라기보다 잘 구워진 찐빵을 먹는 듯하다. 베어무는 순간 주룩, 하고 입안에 흐르는 고소한 육즙 또한 압권이다. 샤오롱빠오와는 또 다른 고기만두의 맛을 느낄 수 있는 까오지만의 독특한 메뉴임에 틀림없다. 참고로 성지엔빠오는 딤섬과 다르게 빵 부분이 두툼해서 하나만 시켜도 두 명이 충분히 배부르게 먹을 수 있다.

그러나 사실 까오지의 숨겨진 대표메뉴는 따로 있는데, 바로 우리에게도 익숙한 똥퍼러우東坡肉똥파육다. 보통 다른 중국 레스토랑에서 똥퍼러우을 시켰을 때 실패하는 이유는 백프로 너무 짜고 느끼하기 때문일 것이다. 그래서 몇 입 먹다가 남기게 되지만, 까오지는 짠맛을 술 향으로 잡아내 맛 자체가 그윽하고 깊어 끝까지 음미하며 맛볼 수 있다. 특히 삼겹살 분위라고는 도저히 생각할 수 없을 정도로 부드럽고 고소해 한 번 먹으면 계속 흡입하게 되는 마력을 지니고 있다. 돼지고기 덩어리지만 입에 들어가는 순간 정말 사르르 녹아버린다.

입에서 살살 녹는 똥퍼러우

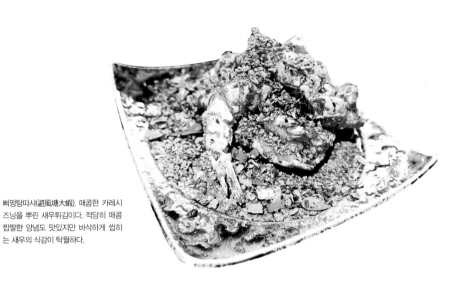

삐펑탕따샤(避風塘大蝦). 매콤한 카레시
즈닝을 뿌린 새우튀김이다. 적당히 매콤
짭짤한 양념도 맛있지만 바삭하게 씹히
는 새우의 식감이 탁월하다.

똥퍼러우에는 꽈빠오시包예포라는 빵이 함께 나오는데 똥퍼러우를 빵 중간에 끼워먹으
면 또다른 고기만두 같은 맛을 즐길 수 있다. 그러나 개인적으로는 빵을 같이 먹으면 쉽
게 배불러지고 똥퍼러우의 고소한 맛이 빵 맛에 묻히기 때문에 똥퍼러우 자체의 온전한
고기 맛만 느껴보기를 권한다.
참고로 우리의 한 지인은 이 똥퍼러우를 한 입 먹고는 이렇게 외쳤다.
"아… 내가 이걸 먹기 위해 대만에 왔구나!"

까오지는 내부 역시 분위기가 좋고 고급스러워 어른들을 모시고 가기에도 적합하다.

# 소동파의 요리
# 똥퍼러우

똥퍼러우는 중국 항저우杭州의 전통요리다. 이 음식은 삼겹살 덩어리를 통으로 썰어 향이 강한 소흥주에 넣어 삶은 후 간장 등으로 약한 불에서 장시간 졸여서 만든다. 이때 삼겹살을 새끼줄로 꽁꽁 묶어 고정시키는 게 중요한데 그래야 오래 삶아도 모양이 흐트러지지 않는다. 마치 우리나라의 수육이나 보쌈을 만드는 과정과도 비슷한데 술을 넣어 향이 강한 게 특징이다.

똥퍼러우는 한자를 그대로 읽으면 '동파육'인데 이름에서 추측할 수 있듯 이 음식은 '소동파蘇東坡'와 관련이 깊다. 소동파는 우리에게 시인으로 많이 알려져 있지만, 사실 송나라의 탁월한 정치인이기도 했다. 그가 정치인으로 빛을 발하던 때는 바로 항저우 재직 시절이었다. 당시 항저우는 양쯔강의 범람으로 큰 물난리가 날 위기에 처해 있었는데, 소동파가 병사와 백성을 동원해 제방을 쌓아 도시를 구하는 기지를 발휘한다. 이때 소동파 덕에 목숨을 구한 백성들이 소동파에게 감사의 마음을 표할 방법을 궁리하던 중에 소동파가 돼지고기를 좋아한다는 사실을 알게 된다. 홍수 피해로 먹을거리가 부족했음에도 불구하고 백성들은 백방으로 돼지고기를 구해 소동파에게 보냈다. 그러나 백성들이 궁핍한 상황에서 돼지고기를 보낸 것을 잘 알고 있던 소동파 역시 돼지고기를 혼자만 먹을 수는 없다고 생각했다. 그는 돼지고기를 혼자 먹지 않고 자신이 개발한 요리법으로 요리해 백성들과 나눠먹었다. 소동파의 배려 깊은 마음에 감동한 백성들은 소동파가 만든 돼지고기 요리 이름에 그의 호, '동파東坡'를 붙였고 이 요리가 지금의 동파육, 똥퍼러우가 된 것이다.

솔직히 말하면 이곳의 음식은 대만 전통음식이 아니라 일본음식이라고 할 수 있다. 대만도 일본식민지를 겪었기 때문에 지금도 심심치 않게 일본음식을 찾아볼 수 있다. 산웨이스탕三味食堂삼미식당 역시 오야코동과 스시를 파는 일본식 음식점이다. 그런데 굳이 산웨이스탕을 대만맛집리스트에 넣은 이유는 첫째도 둘째도 오직 연어 두께 때문이다. 이 집의 연어는 일본의 그 어떤 연어 전문점에서도 볼 수 없는 엄청난 두께를 자랑한다.

특히 이 집의 시그니처 메뉴인 꿰이위뚜鮭魚肚궤어두, 그러니까 연어대뱃살은 굵기가 어른 손가락두께만한데 베어물면 입안이 연어로 차버려 말조차 할 수 없다. 만약 두꺼운 연어에 열광하는 연어 마니아라면

연어를 사랑하는 그대에게

# 산웨이스탕

## 三味食堂
삼 미 식 당

### INFO

**ADD** 台北市萬華區貴陽街二段116號
**TIME** 11:30〜14:30, 17:10〜22:00
**HOW TO GO**
시먼西門 역 1번 출구 도보 10분
**Google Map**
25.039901, 121.502684

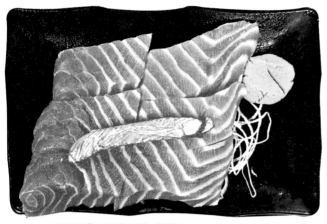

연어대뱃살을 그득하게 잘라주는 꿰이위뚜

곁들여 마시면 좋은 애플소다.
핑궈시다(蘋果西打).
상큼하고 톡 쏘는 애플소다가 입안에
감도는 연어의 느끼함을 깨끗이 헹궈
준다.

이 집은 그 어디에도 없는 특별한 맛집이 될 것이다. 다만 연어가 너무 과하게 튼실해서 아무리 연어를 좋아하는 사람도 혼자서 두 개 이상 먹으면 연어의 느끼함에 질려버리고 만다. 그래서 가급적 세 명 이상일 때 이 연어대뱃살을 주문할 것을 추천한다. 참고로 연어대뱃살은 반 판에 여섯 조각이 나오며 한 판을 시키면 사이즈가 두 배나 큰 연어 여섯 조각이 나온다.

하지만 연어 마니아가 아닌 이상 이렇게까지 두꺼운 연어대뱃살은 부담스러울 수도 있다. 그럴 때는 연어초밥인 꿰이위셔우워써우스鮭魚手握壽司규이수익수사를 주문하자. 연어대뱃살만큼은 아니지만 두툼한 연어살이 마치 두꺼운 이불처럼 밥을 덮고 있어 연어초밥 세 개를 동시에 먹는 것 같은 푸짐한 식감이 일품이다.

그렇다면 연어를 별로 즐기지 않는 사람과 왔을 때는 무엇을 시킬까? 이런 사람에게는 몇 가지 초밥이 접시 하나에 올라오는 종허

연어초밥, 꿰이위셔우워써우스

써우스綜合壽司종합수사를 추천한다.

종합초밥이라고 해서 여러 생선
초밥이 나오는 것은 아니고
두툼한 새우초밥 두 개, 유
부초밥 두 개, 그리고 러우
송肉鬆육송이 들어있는 캘리
포니아롤이 나온다. 러우송
은 한국에는 없는 중국의 고

쭝허써우스

러우송이 들어있는 캘리포니아롤

기 맛 후리카게 같은 것으로, 샌드위치나 김밥에 넣어먹으면 버석거리는 식감에 고기의
향과 맛이 특이하다. 한국에서 맛볼 수 없는 러우송 캘리포니아롤을 먹어보는 것만으로
이 종합초밥은 충분히 시킬 가치가 있다. 뿐만 아니라 현지인은 오히려 연어 외에 연어
볶음밥인 신시엔꿰이위차오판新鮮鮭魚炒飯신선규어초반과 오야코동 친즈판親子飯친자반을
많이 찾는데 생연어를 좋아하지 않는다면 이 또한 괜찮은 대안이다.

이런 산웨이스탕의 치명적인 단점은 바로 웨이팅이다. 산웨이스탕은 두툼한 연어 비주
얼 덕에 한국사람에게도 익히 알려져 지역주민뿐 아니라 관광객으로 인산인해를 이룬
다. 이름을 대기자명단에 적어놓고 최소 30분은 기다려야 하며 다 먹더라도 웨이팅 때
문에 후다닥 나와야 해서 여유롭게 식사를 즐기려는 사람에게는 그
리 매력적인 장소가 아닐 수도 있다. 허나 연어의 두께만큼은
월드클래스 급이니 시간 여유가 있는 연어 마니아는 꼭 산웨이
스탕을 방문하기 바란다.

대기판에 이름을 적고 기다려야 한다.

## 원조의 위엄

# 딘타이펑

鼎泰豐
정 태 풍

### INFO

**ADD** 台北市大安區信義路二段194號
**TIME** 월~금 10:00~21:00
토, 일 09:00~21:00
**HOW TO GO**
시먼西門 역 1번 출구 도보 10분
**Google Map**
25.033482, 121.530113

정말 의외지만, 딘타이펑은 웬만한 펑리수 전문점보다 펑리수가 맛있다. 만약 어떤 펑리수를 사야 할지 고민이라면 딘타이펑에서 식사를 하고 딘타이펑 펑리수를 선물로 사는 것도 괜찮은 선택이다.

한국에 가장 많이 알려진 대만음식점은 어디일까? 아마 열이면 열 누구나 두말없이 딘타이펑鼎泰豐정태풍을 꼽을 것이다. 딘타이펑은 중국음식을 고급스럽게 소개한 대규모 체인점으로서 서울에도 체인점이 여러 개라 많은 사람이 이미 딘타이펑을 경험해보았을 것이다.

그러나 한국의 딘타이펑에서 먹어봤다는 이유로 대만의 딘타이펑을 가보지 않는다면 대만 미식여행의 중요한 하이라이트를 놓치는 셈이다. 본토의 맛, 원조의 맛에는 확실히 해외 체인점에서 흉내 낼 수 없는 원숙한 노하우가 있기 때문이다.

일단 딘타이펑에 왔으면 딘타이펑의 시그니처 메뉴인 샤오롱빠오小籠包소롱포부터 시켜보자. 확실히 한국 딘타이펑의 샤오롱빠오와는 차원이 다르다. 일단 숫가락 위에 샤오롱빠오를 얹어놓고 끄트머리를 살짝 찢으면 숫가락 위에 육즙이 고인다. 그 위에 간장을 톡 찍은 생강채를 얹으면 일단 샤오롱빠오를 먹을 준비는 완벽하다. 그리고 절대 두 입에 끊어 먹지 말고 숟가락 위에 고인 육즙을 호로록 마시며 샤오롱빠오를 통째로 입안에 털어넣자. 얇은 만두피가 쫀쫀하게 씹

샤오롱빠오를 먹을 때
생강채와 간장의 비율을
설명한 안내판이 비치되어 있다.
딘타이펑에서는 간장과 식초
비율로 1:3을 추천하고 있다.

히면서 그 사이로 입안 가득 고소한 육즙이 퍼진다. 마지막에는 돼지고기의 느끼함을
생강채가 잡아줘 조금도 팁팁하지 않다.

사실 대만에 샤오롱빠오를 맛있게 하는 데는 많다. 일반 노점상의 샤오롱빠오만 먹더라
도 우리나라의 웬만한 샤오롱빠오보다 훨씬 맛있다. 그러나 이런 노점상과 딘타이펑의
차이점은 바로 밸런스다. 다른 노점상의 샤오롱빠오는 돼지고기 누린내가 강해서 다소
느끼하고 피가 두툼한 반면, 딘타이펑의 샤오롱빠오는 훨씬 담백하고 피
가 얇아 맛이 정말 조화롭다. 마치 샤오롱빠오의 정석과도 같은 맛
이랄까.

안에 게내장을 넣은 게황샤오롱빠오인 시에펀샤오롱빠오蟹粉小
籠包해분소롱포 역시 서브메뉴로 시켜봄직하다. 꽃게 향이 확 퍼지
면서도 비리지 않아 해산물을 좋아하는 사람이라면 시에펀샤오롱
빠오 역시 틀림없이 입맛에 맞을 것이다.

새우쇼마이인 샤런쇼마이蝦仁燒賣하인소매 역시 훌륭하다. 보통 다른 레

시에펀샤오롱빠오

홍여우차오셔우

샤런쇼마이

스토랑에서 샤런쇼마이를 시키면 돼지고기 맛이 너무 강해 새우 맛이 잘 살지 않는데 여기는 고기 양이 아주 적당해 새우의 탱글함을 제대로 느낄 수 있다. 담백한 고기육즙으로 시작하지만 마지막에는 새우의 시원함으로 마무리되는 묘한 맛이다.

일단 이렇게 샤오롱빠오와 쇼마이를 맛본 것만으로 딘타이펑에서는 이미 큰 수확을 거둔 셈이다. 전세계 딘타이펑의 본점에서 시그니처 메뉴인 샤오롱빠오를 먹어봤다는 경험만으로 이미 한국에 돌아갔을 때 친구들에게 자랑할만한 이야기거리가 생긴 셈이랄까. 그러나 이대로 배가 부르지 않다면 샤오롱빠오 외에 다양한 메뉴를 시켜보아도 후회하지 않는다. 딘타이펑은 샤오롱빠오로 유명한 집이기도 하지만 그밖의 요리도 수준급의 솜씨를 자랑하기 때문이다.

가장 배부르게 먹을 수 있는 첫번째 요리로는 갈비가 올려진 볶음밥 파이구딴차오판排骨蛋炒飯배골단초반을 꼽을 수 있다. 사실 파이구딴차오판에서 갈비는 평이하지만 볶음밥에 깃든 내공이 상당하다. 사실 중국요리에서 가장 단순하지만 주방장의 내공이 제대로 필요한 메뉴 중 하나가 바로 볶음밥이다. 계란과 파, 그리고 밥이라는 아주 단순한 세

파이구딴차오판

안에 살코기가 들어있는 대만식 삼각김밥.
시엔러우쫑즈(鮮肉粽子) 역시 이곳에서 먹어볼만하다.

가지 재료로 차별화된 맛을 내야 하기 때문이다. 딘타이펑의 볶음밥 역시 겉보기에는 파와 계란만 들어간 간단한 모양이지만, 맛은 일반 볶음밥과 다르다. 고슬고슬한 밥알이 식용유에 코팅되어 밥알 하나하나가 살아있으면서도 은은하게 밴 불 맛이 일품이다. 간 역시 짜지도 싱겁지도 않게 딱 적당해서 계속 먹게 되는 중독적인 매력이 있다.

그밖에도 땅콩소스에 매콤함을 더한 딴딴미엔擔擔麵딴딴면이나 고추기름소스를 뿌린 물만두 홍여우차오셔우紅油炒手홍유초수 역시 딘타이펑에서 먹어봄직한 특이한 요리다. 둘 다 매콤한 소스가 베이스라 입주위가 약간 얼얼할 수 있는데 이색적인 맛을 경험해보고 싶으면 한번쯤 도전해도 괜찮다.

딘타이펑의 경영철학은 바로 삼도다. 삼도는 각각 온도, 태도, 속도를 뜻하는데 이 경영철학은 성공적으로 잘 구현되었다. 일단 음식의 온도가 적당하고 실내온도는 덥지도 춥지도 않다. 그리고 손님을 맞는 종업원의 태도도 매우 상냥해 제대로 된 서비스를 받고 있다는 생각에 마음이 흡족해진다. 그리고 마지막으로 서비스 속도가 매우 빠르다. 실제 딘타이펑에서는 차를 다 마셔가면 귀신같이 종업원이 와서 차를 채워주고 샤오롱빠오를 먹는 방법에 대해 조금이라도 궁금한 게 있으면 손님이 묻기도 전에 바로바로 응대해준다. 딘타이펑에 방문하는 사람이라면 맛도 맛이지만 딘타이펑의 훌륭한 서비스정신에 감탄하게 되니 딘타이펑은 대만 미식여행의 꽃이라고도 할 수 있겠다.

딴딴미엔

맛으로 기억하는 보물의 여운

## 꾸공징화

### 故宮晶華
### 고 궁 정 화

## INFO

**ADD** 台北市士林區至善路二段221號
**TIME** 월~금 10:00~21:00
토, 일 09:00~21:00
**HOW TO GO**
고궁박물원 맞은편
**Google Map**
25.101351, 121.547824

대만여행의 필수코스를 말할 때 고궁박물원은 빠지지 않을 것이다. 중국의 모든 보물이 모인 고궁박물원은 대만의 제일가는 자랑거리이기도 하다. 고궁박물원에는 보물뿐 아니라 추천해주고 싶은 맛집도 있다. 바로 꾸공징화故宮晶華고궁정화다. 꾸공징화는 고궁박물원 바로 앞에 있는 레스토랑으로 광동요리를 표방하는 중국 전통 레스토랑이다. 딱 보기에도 매우 전통적이고 고급스러워 보이는데 실제로도 대만에서 가장 유명한 건축가가 전통적인 모티브를 현대적으로 디자인한 건물이라고 한다. 그런 외관에 걸맞게 꾸공징화는 가격 역시 만만치 않아 덜컥 방문하기보다는 사전에 예산을 잘 짜고 방문하는 게 좋다. 물론 조금 비싸다는 것은 단점이기도 하지만 가격에 상응하는 맛을 내기 때문에 대만여행에서 한번쯤은 가볼만한 레스토랑 중 하나다.

고궁박물원 맞은편에 있어 찾기 쉽다.

박물관의 위용만큼이나 고풍스러운 인테리어

고기튀김 홍짜오러우

꾸공징화에는 다양한 광동식 요리가 있는데 그중 오리고기 요리인 밍루카오야明爐烤
鴨명로고압는 다른 곳에서는 쉽게 맛보기 힘든 있는 메뉴 중 하나다. 언뜻 베이징덕과 비
슷할 수도 있는데, 밍루카오야는 베이징덕보다 더 차갑게 식혀서 먹기 때문에 훨씬 담
백하다. 부드러운 오리살코기를 새콤달콤한 소스에 찍어먹는데 바삭하고 담백한 오리
고기와 달콤한 소스의 조화가 탁월하다. 마치 얇게 저민 식은 양념치킨을 먹는 느낌이
랄까.

홍짜오러우紅糟肉홍조육 역시 추천하는 메뉴다. 고기튀김의 일종으로 고기를 굵은 빵가
루에 묻혀 튀겨서 튀김옷의 크리스피함과 고기의 부드러운 식감의 조화가 좋다. 굽거나
찐 고기에 익숙한 우리 입맛에 바삭한 고기튀김은 매우 이색적인 맛일 것이다.

만약 닭고기를 선호한다면 샤오싱쭈에이지紹興醉雞소흥취계를 추천한다. 소흥주에 절인
닭요리인데 같은 요리를 파는 여타 매장보다 훨씬 더 술맛이
강하다. 술의 떫은 맛이 아니라 달콤함이 배어있어
독한 중국술을 싫어하는 사람이
라도 부담없이 먹을 수 있다.

이곳은 광동식 요리 전문점이지

광동식 오리고기, 밍루카오야

광동식 볶음면
깐샤오이푸미엔
(乾燒伊府麵)

똥퍼러우. 다른 레스토랑보다
덜 짜고 담백하다.

소흥주에 절인 닭고기.
샤오싱쭈에이지

만 광동식 요리만 먹기에는 어딘가 아쉽다. 고궁박물원 맞은편 레스토랑인데 말이다.
꾸공징화에서는 재밌게도 고궁박물원의 보물을 접목시킨 음식도 있다. 그야말로 문화
재를 레스토랑의 메뉴로 등극시킨 셈이다! 특히 뚜어바오거위디엔지多寶格御點集다보각
어점집는 고궁박물원의 보물을 그대로 디저트로 만든 꾸공징화의 자랑이다. 방금 박물관
에서 보았던 진귀한 보물이 내 눈앞에 근사한 디저트로 드러난 자태를 보고 있으면 차
마 먹기 아까워 사진만 찍게 된다.

이 디저트는 주로 만쥬와 타르트의 중간형태로 팥맛, 계피맛, 호박맛 등 다양한 맛이다.
식감은 쫄깃쫄깃하고 가벼워서 입가심으로 하나씩 집어먹기에도 딱 적당하다. 한마디
로 보기도 좋은 떡이 먹기도 좋았다.

그러나 꾸공징화는 너무 인기가 많아 식사 때 가면 웨이팅은 기본이고 간혹 낯모르는
사람과의 합석도 각오해야 한다. 허나 고궁박물원의 여운을 느끼며 식사를 하고 싶다면
최고의 레스토랑이 아닐 수 없다. 고궁박물원에서 중국 최고의 보물을 눈으로 보았으니
그 다음은 입으로 먹어보자. 맛으로 새기는 것만큼 좋은 기억법은 없으니까.

대만에서 맛보는 사천요리

# 카이판
## 開飯
개 반

### INFO

**ADD** 台北市大安區忠孝東路四段
96號7樓
**TIME** 11:30〜15:00, 17:30〜22:00
### HOW TO GO
쭝샤오푸씽忠孝復興 역 3번 출구
도보 3분
### Google Map
25.041378, 121.546362

대만 미식여행의 장점은 중국 각 지방의 특색 있는 음식을 굳이 중국까지 가지 않고도 한 데서 맛볼 수 있다는 데 있다. 그것도 우리 입맛에 맞게 적절히 개량해서 말이다. 카이판開飯개반 역시 중국의 사천음식을 표방하는 레스토랑으로, 직원을 수시로 중국 사천지방에 파견해 맛을 유지하고 있다. 그러나 엄청나게 매운 사천음식을 예상하면 큰 오산이다. 생각보다 대만 사람들의 입맛은 매운맛에 그리 강하지 않다. 따라서 여기서 아주 맵다고 표시된 음식 역시 우리 입맛에는 '다소 매콤하다' 수준이니 너무 겁먹지 말고 사천음식을 경험해보자.

먼저 카이판 인테리어는 아주 깔끔하다. 젊은이들에게 핫한 장소답게 모던한 검은색으로 마감된 내부 분위기는 온통 빨간색 투성이일 것 같은 사천음식점에 대한 편견을 깨준다. 하지만 그러면서도 빨간 고추에 대한 정체성은 잃지 않았다. 매장 가운데는 큰 빨간 고추 조형물이 떡하니 걸려 있고 수저받침 역시 귀여운 고추 모양이다. 전반적인 분위기는 고급스러우면서도 고추를 응용한 소소한 유머가 인상적인 집이다. 자리에 앉으면 깔끔하게 편집된 메뉴판을 주는데 매

차갑고 매운 닭요리. 려우커우쉐이찌

운 정도를 고추 수로 표시했다. 그러나 앞서 말했듯 한국의 맵기 정도와 비교하면 매우 귀여운 수준이라 고추 세 개짜리도 우리나라 신라면 수준이다.

메뉴는 다양하지만 차갑고 매운 닭요리 려우커우쉐이찌流口水鷄유구수계는 꼭 시키자. 려우커우쉐이찌는 닭고기를 차갑게 식혀 참깨소스와 매운소스에 버무린 요리다. 닭고기를 차갑게 식혀 식감이 더 쫄깃하기도 하거니와 참깨소스와 위에 뿌려진 땅콩 덕에 매우 고소하다. 그러면서 매운소스 때문에 끝맛은 살짝 매콤한데 밑에 깔린 시원한 오이와 함께 먹으면 이 매운맛이 중화된다. 한마디로 고소하게 시작해서 매콤하게 입맛을 사로잡고 마지막은 오이의 아삭함으로 끝나는 재밌는 요리다.

사천음식을 먹는데 사천식 마파두부인 마퍼샤오또우푸麻婆燒豆腐마파소두부를 빼놓으면 섭하다. 한국에서도 많이 접해본 마파두부인데 과연 사천식은 어떻게 다를까? 결론부터 이야기하면 사실 대만식으로 중화된 사천요리집에서 한국보다 더 센 매콤함을 기대

마퍼사오또우푸

매운 사천요리에는
흰쌀밥, 바이판(白飯)이 필수다.

하면 안 된다. 그러나 분명한 건 한국의 마파두부보다
훨씬 맛있다. 한국의 마파두부가 주로 두부를 잘게 으
깨거나 두부를 구워 볶는 데 반해 이곳의 마파두부는
푸딩같이 물컹한 두부를 써서 두부의 부드러운 식감
이 살아있다.

적당히 매콤짭짤해 밥반찬으로도 딱이다. 그래서 그
런 것일까. 메뉴판 표지 역시 불그죽죽한 사천요리가
아니라 한 공기의 흰쌀밥이다. 누구나 이 매콤한 사
천음식을 먹으면 자연스럽게 담백한 쌀밥이 땡긴다는
뜻일까? 그래서인지 테이블마다 흰쌀밥이 담긴 솥이
하나씩 놓여있다. 따끈한 쌀밥을 듬뿍 퍼서 마파두부
에 슥슥 비벼먹으면 든든한 한 끼로 손색이 없다.

사천요리를 먹을 때는 아이스레몬동아박
음료인 빼이쉐이동꽈루(翡翠冬瓜露)가
딱이다. 동아박의 고소함과 레몬의 상큼
함이 얼얼한 입안을 상쾌하게 달래준다.

줄기콩으로 만든 깐피엔쓰찌또우(乾煸四季豆).
줄기콩을 센 불에서 볶아 한국에서 먹는 삶은 줄기콩과 다르게
채소의 아작한 식감이 살아있다.

달콤한 빵, 짜인스쮜엔으로
마무리하면 딱이다.

그런데 이 집의 하이라이트는 의외로 짜인스쮜엔炸銀
絲捲짝은사권이라는 빵이다. 겉은 바삭하고 안은 밀도
높은 이 빵의 유래는 베이징北京북경 · 티엔진天津천진
지역이지만, 지금은 중국 전역에서 사랑받는 식후 디
저트다. 생김새는 마치 기다란 튀긴 꽃빵을 연상케 한
다. 함께 나온 연유와 설탕을 같이 찍어먹으면 그 달
달함이 배가되며 사천요리의 매콤함이 싹 가신다. 음
식이 많이 맵지 않더라도 이 빵은 하나쯤 시켜보기를
권한다.

다시금 강조하지만 생각보다 맵지 않아 정통 사천요
리를 기대한 사람은 실망할 수도 있다. 허나 사천요리
라는 것을 맵지 않고 맛있게 경험해보고 싶은 사람에
게는 두말 않고 추천하는 레스토랑이다.

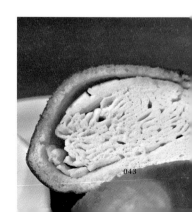

샤브샤브의 최고봉
동북식 샤브샤브

# 동먼쟈오즈관
## 東門餃子館
동 문 교 자 관

## INFO

**ADD** 台北市大安區金山南路二段31巷3號
**TIME** 11:00~14:30, 17:00~21:00
**HOW TO GO**
동먼東門 역 5번 출구 도보 2분
**Google Map**
25.032852, 121.528781

대만에서 샤브샤브를 먹는다고 하면 보통 홍탕, 백탕
으로 나눠진 솥에 고기와 채소, 어묵을 넣어먹는 원앙
샤브샤브를 가장 먼저 떠올릴 것이다. 그러나 우리가
생각하는 전형적인 샤브샤브뿐 아니라 만주족이 먹는
동북식 샤브샤브도 있다. 만주족의 샤브샤브? 이름만
들어도 뭔가 괴이할 것 같은 느낌인데 솥 모양새만 기
이할 뿐 맛은 원앙샤브샤브보다 훨씬 순하다.

그리고 지금 소개하는 동먼쟈오즈관東門餃子館동문교
자관은 이름은 교자관이지만 동북식 샤브샤브도 파는
곳으로, 이름에 홀려 사람들이 주로 만두를 주문하지
만 사실 샤브샤브가 더 유명한 곳이다. 물론 이곳의
만두 역시 나쁘지 않다. 야채 없이 돼지고기만 들어간
중국식 군만두 쮀러우꿔티에豬肉鍋貼저육과첩는 구운
정도가 아주 좋다. 밑은 바삭하게 구웠는데 위는
촉촉하다. 고기소 역시 적당해 한 입 베어
물면 육즙이 입에서 맴돈다. 피는 조금
두꺼운 편이지만 쫄깃하고 담백해 밀
가루를 좋아하는 사람이라면 아주 만
족해할 만두다.

그러나 앞서 말했듯 이곳의 실질적인

돼지고기군만두, 쮀러우꿔티에

대표메뉴는 동북식 샤브샤브, 솬차이바이러우꿔酸菜白肉鍋산채백육과다. 동북식 샤브샤브는 대만 그 어느 곳에서도 쉽게 먹어볼 수 없는 특별한 음식이니 꼭 시키기를 권한다. 일단 솬차이바이러우꿔를 시키면 모양도 무시무시한 기다란 갓 모양의 솥이 등장한다. 마치 우리나라의 신선로를 위로 길게 늘여놓은 듯한 모습인데 그 무시무시한 위용 때문에 주변 테이블의 이목이 집중되는 건 어쩔 수 없다. 그리고 보통 샤브샤브가 야채와 고기를 직접 넣어먹는데, 아예 고기와 새우, 어묵, 배추가 푹 담겨 나온다. 조금 끓이다가 바로 먹으면 되는데 사실 처음 맛은 참으로 낯설다. 보통 샤브샤브는 고기육수라 고기 맛이 나는데 여기서는 배추 맛이 난다. 그것도 시큼하게 절인 배추. 마치 우리나라 백김치로 김치찌개를 끓인 맛이랄까. 보기에는 덤덤한 국물 색이라 무미할 것 같으나 국물이 꽤나 새콤하다.

처음에는 이 맛이 낯설어서 숟가락이 잘 가지 않는다. 허나 이 샤브샤브의 진가는 잠시 뒤에 드러난다. 조금만 더 끓이면 고기의 기름이 같이 배어나와 국물이 다소 걸쭉해지는데 첫맛은 새콤하고 끝맛은 고기 맛이 나는 묘한 조화가 계속 입맛을 당긴다. 거기에 시간이 지나며 새우와 어묵의 해산물 향까지 국물에 더해지면서 그 어디서도 먹어보지 못한 깊은 샤브샤브의 세계가 펼쳐진다. 이 묘한 국물 맛에 홀려 정신없이 흡입하다보면 어느새 커다란 솥이 바닥을 드러낸다. 아쉽게 숟가락을 내려놓을 수밖에 없는데 계속 국물 맛이 생각나 남의 샤브샤브까지 흘끔거리게 된다. 그야말로 중독적인 맛이다. 물론 입이 짧은 사람은 동북식 샤브샤브를 끝까지 낯설어하지만, 맛의 내공이 깊은 사람들은 한결같이 샤브샤브 중 동북식 샤브샤브를 최고로 꼽는다고 한다. 동북식 샤브샤브를 먹으며 서로 샤브샤브 입맛의 깊이를 체크해봐도 재미있을 것이다.

맛은 호텔, 가격은 길거리

# 팀호완

添好運
첨 호 운

## INFO

**ADD** 台北市中正區忠孝西路一段36號樓
**TIME** 10:00∼22:00
**HOW TO GO**
타이베이처짠台北車站역
M6번출구 도보 2분
**Google Map**
25.045983, 121.517072

〈미슐랭 가이드〉는 프랑스 타이어 회사 미쉐린Michelin이 매년 발간하는 세계적인 레스토랑 평가서다. 아시아권에도 2010년부터 2015년까지 연속으로 〈미슐랭 가이드〉에 오른 레스토랑이 있는데, 바로 홍콩의 팀호완添好運첨호운이다. 보통 〈미슐랭 가이드〉에 등록된 집이라고 하면 으레 범접하기 어려운 비싸고 고급스러운 레스토랑을 떠올리는데 팀호완의 또 다른 타이틀은 바로 '전세계에서 가장 저렴한 미슐랭 레스토랑'이다. 그만큼 맛도 뛰어난데 가격 역시 훌륭하다. 사실 팀호완의 개업주가 팀호완을 차렸을 때 목표 자체가 더 많은 사람에게 오성급 호텔의 고급 딤섬을 길거리음식과 같은 가격으로 맛보게 하는 것이었다는데 결과적으로 그 목표를 완벽하게 이룬 셈이라 볼 수 있겠다.

그러나 이 유명한 팀호완에 가기 위해 굳이 홍콩행 비행기를 탈 필요는 없다. 왜냐하면 대만에도 2014년에 팀호완 분점이 생겼기 때문이다. 물론 홍콩 본점의 맛을 그대로 재현할 수는 없겠지만 아무리 어려도 호랑이 새끼는 호랑이인 법. 팀호완은 주변에 마땅한 레스토랑이 없을 때 맛을 보장하는 귀한 레스토랑이니 꼭 기억해두자.

상찌엔뤄푸까오(香煎蘿蔔糕) 채썬 무와 쌀가루로 반죽을 만들어 은은하게 찐 것을 다시 팬에 구웠다.

바비큐양념 고기소가 들어있는
소보로빵, 쑤피쥐차사오빠오

일단 팀호완에 당도하면 무엇을 시킬지에 대한 걱정은 하지 않아도 된다. 팀호완에는 아주 친절하게도 가장 인기 많은 사대천왕四大天王 안내판이 있는데, 기본적으로 이 사대천왕만 시켜도 절반의 성공은 거둘 수 있다.

그러나 그중에도 가장 하이라이트 메뉴를 고르라면 단연코 소보로 안에 바비큐양념의 고기소가 들어있는 쑤피쥐차사오빠오酥皮焗叉燒包소피국차소포다. 물론 사람마다 입맛은 다르겠지만 달달한 것을 좋아하는 사람이면 백이면 백 좋아할 맛이다. 일단 이 소보로는 등장부터가 압도적이다. 까끌한 껍질이 노랗게 구워진 소보로는 나오자마자 달콤한 버터 향이 솔솔 나는 게 침샘을 자극한다. 겉만 봐서는 제과점의 커스터드슈크림빵이다. 그러나 이 소보로빵의 반전은 속살을 갈랐을 때다. 빵을 살살 찢으면 위에 잘 발린 크럼블이 살짝 부스러지면서 빨갛게 양념된 바비큐가 그 모습을 드러낸다. 하얀 크림이 나와야 할 것 같은 비주얼에 마치 피처럼 붉은 바비큐양념이 나오니 다소 당황스럽다. 소보로에 웬 양념고기? 그러나 이 소보로를 고기소와 함께 입에 넣는 순간 소보로빵의 달달함과 양념고기의 짭짤매콤함이 어우러지며 환상적인 맛의 하모니가 펼쳐진다. 좀 달달한가 싶다가도 짭쪼름한 게 달달함을 상쇄하며, 좀 짭짤하다 싶으면 달달함이 치고 들어온다. 그리고 몇 번 씹을 새도 없이 목구멍으로 꿀꺽 넘어가버린다. 처음에는 양념된 소보로라는 편견 때문에 다소 꺼려지지만 먹다보면 눈깜짝할 새에 사라져 나도 모르게 "한 판 더!"를 외치게 된다.

자, 그러나 이게 전부가 아니다. 주위 다른 사람들이 먹는 것을 둘러보면 동그란 스테인레스 밥통이 테이블마다 올려진 것을 목격할 수 있다. 이 메뉴

매콤한 바비큐양념 고기소가 들어있어 달콤한
빵과 절묘하게 잘 어울린다.

라창베이꾸찌판

는 광동식 소시지인 라창과 표고버섯이 올려진 닭고기덮밥 라창베이꾸찌판臘腸北菇雞飯랍장북고계반인데 사대천왕 메뉴는 아니지만 팀호완에서 사랑받는 메뉴다. 스테인레스 통에 약밥 같은 게 꽉꽉 눌러 담긴 이 음식은 처음에는 외관이 실망스럽지만 한 입 두 입 먹다보면 어느새 그 매력에 중독된다. 사실 이 메뉴는 대추의 달큰한 향이 나면서 끝맛은 생강의 씁쓸함이 확 올라오는 게 마치 우리나라 약밥 같다. 먹다보면 토핑된 소시지 라창의 짭짤함과 표고버섯의 향긋함이 함께 느껴지는 게 오묘하다. 그야말로 오미五味의 향연이다. 대체 이 약밥의 정체가 뭔지 탐색하며 먹다보면 금세 밥통이 깨끗하게 비워진다. 어딘가 익숙하면서도 결코 평범하지 않은 맛. 사실 사대천왕에 속하지 않는 라창베이꾸찌판이야말로 그 까다롭다는 〈미슐랭 가이드〉에 오른 팀호완의 내공을 느낄 수 있는 메뉴다.

물론 팀호완에도 대만이나 홍콩에서 흔히 먹어볼 수 있는 익숙한 메뉴가 있다. 창펀腸粉장분과 새우스프링롤인 시엔샤푸피쥐엔鮮蝦腐皮卷선하부피권이 바로 그것이다. 창펀은 마치 물에 푹 불린 쌀떡처럼 흐물한 쌀로 만든 피에 짭쪼름하게 졸인 소고기나 새우 등을 넣고 다시 만두처럼 돌돌 만 것이다. 다소 심심할지 몰라도 스며든 간장과 함께 먹으면 간이 딱이다.

시엔샤푸피쥐엔은 일반적인 스프링롤과 같지만 두부피를 튀겼다는 게 특징이다. 두부피가 밀푀유 돈가스처럼 겹겹이 레이어되어 바삭거리는 식감이 재미있다. 그런데 이 스프링롤을 먹다보면 중간에 탱글한 새우가 갑자기 등장한다. 다진 야채와 돼지고기소로 안을 채워 다소 퍽퍽한 기존 스프링롤과 달리 바삭함과 탱글함을 주무기로 내세운, 팀호완의 매력을 대변하는 메뉴다.

이처럼 팀호완의 음식은 뭐 하나 허투로 만들어내는 법이 없다. 기존 음식을 살짝 비틀어 새로운 맛을 창

간장에 졸인 창펀

사대천왕 메뉴에 속하는 상화마라까오(香滑馬拉糕)는 겉보기에는 고속도로에서 파는 옥수수빵 같다. 그것도 간장에 졸인 술빵. 하지만 실제로 먹어보면 술빵치고 계란 향이 풍부해서 빵이라기보다는 고급 카스텔라에 가깝다. 겉보기에는 매우 투박해 보이지만 맛이 그렇게나 고급스러울 수가 없다. 많이 달지도 않으면서 적당히 촉촉하게 맴도는 것이 마무리 디저트로 딱이다.

조해낸 창의적인 메뉴 구성이 놀라울 따름이다. 그러나 팀호완에서 가장 놀라운 순간은 바로 계산서를 집어들 때다. 분명 잘 차려진 고급스러운 오찬을 먹은 것 같은데 우리나라의 웬만한 파스타와 피자 세트보다 저렴하다. 오성급 호텔의 고급 딤섬을 길거리음식 가격으로 맛보게 하고 싶다던 팀호완 개업주의 의도가 정확하게 확인되는 순간이다.

대만 본토의 것은 아니지만 누구나 맛있게 먹을 수 있는 레스토랑을 찾을 때, 정답은 팀호완이다.

시엔샤푸피쥐엔

한국사람은 대만에서 샤오롱빠오를 먹는다고 하면 으레 딘타이펑부터 줄을 서기 마련이다. 물론 딘타이펑의 샤오롱빠오가 샤오롱빠오의 정석을 보여주는 맛이긴 하지만 정작 현지인이 샤오롱빠오를 먹기 위해 가는 곳은 따로 있다. 바로 덴수이루點水樓점수루다.

덴수이루는 중국 저장浙江절강 지역 요리를 메인으로 내세우는 대만의 고급레스토랑이다. 2005년에 개업하여 대만 레스토랑 업계에서는 후발주자에 속하지만, 이미 다른 레스토랑을 10년 이상 경영한 노하우가 있기 때문에 금세 딘타이펑을 위협하는 대만의 대표 레스토랑으로 자리잡았다. 서민적인 느낌의 딘타이펑과 다르게 덴수이루는 중국 골동품과 원예 등으로 중국 전통의 고급스러운 분위기를 한껏 연출했다. 또한 아직 한국사람에게 많이 알려지지 않아 관광객보다는

샤오롱빠오의 신흥 강자

# 덴수이루

## 點水樓
점 수 루

### INFO

**ADD** 台北市松山區
南京東路四段61號
**TIME** 11:00~14:30, 17:30~22:00
**HOW TO GO**
타이베이샤오쮜딴台北小巨蛋 역
1번 출구 도보 3분
**Google Map**
25.051828, 121.552778

현지인들은 뎬수이루의
샤오롱빠오를 으뜸으로 꼽는다.

현지인이 압도적으로 많은데 이 또한 뎬수이루의 매력 포인트라 할 수 있겠다.

이곳에 가면 일단 무엇보다 샤오롱빠오小籠包소롱포부터 시켜야 한다. 사실 겉모양은 보통 샤오롱빠오와 다를 바 없다. 그러나 샤오롱빠오에 간장과 식초를 살짝 적시고 한입 베어물면 입안에 퍼지는 육즙의 풍미가 확실히 다르다는 것을 바로 느낄 수 있다. 딘타이펑의 샤오롱빠오가 전반적으로 고기의 담백함을 살렸다면 뎬수이루의 샤오롱빠오는 고기의 육즙과 풍미가 진하게 살아있다. 그래서 슴슴하고 담백한 맛을 좋아하는 일본사람은 딘타이펑의 샤오롱빠오를, 고기와 진한 맛을 좋아하는 한국사람은 뎬수이루의 샤오롱빠오를 선호한다.

그러나 고급레스토랑인 뎬수이루에서 샤오롱빠오만 시키면 섭하다. 저장 지역 요리를 메인으로 내세우는 만큼 뎬수이루는 샤오롱빠오뿐 아니라 다른 만두요리 역시 수준급의 실력을 선보인다. 그중 샤런쇼마이蝦仁燒賣하인소매와 양쩌우싼띵빠오揚州三丁包양주삼정포는 샤오롱빠오와 더불어 꼭 시켜야 할 요리다. 샤런쇼마이는 진한 육즙의 샤오롱빠오 위에 새우를 살포시 얹은 것으로 새우의 시원한 맛과 샤오롱빠오의 진한 고기 맛이 조화롭다. 강소성 양주 지역에서 유래한 세 종류의 네모난 재료가 들어있다는 양쩌우싼띵빠오는 두툼하고 폭

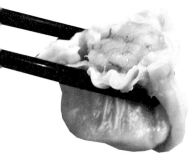

통통한 새우가 들어있는 샤런쇼마이

양쩌우싼띵빠오

지차이꿔빙

신한 찐빵 안에 돼지고기, 죽순, 닭고기를 달콤한 간장소스로 버무려 속을 꽉 채운 것으로 맛이 고급스럽고 풍성하다. 이색적인 만두를 먹고 싶다면 냉이와 파가 듬뿍 들어간 지차이꿔빙薺菜鍋餠제채과병을 권한다. 바삭하게 구운 참깨빵에 냉이와 다진파가 가득한 이 만두는 한국에서 흔히 접할 수 없는 메뉴다. 은근한 냉이 향과 함께 파의 달달한 맛과 깨찰빵 같은 고소한 맛이 조화롭다.

만약 만두 종류가 아니라 무언가 제대로 된 요리를 먹고 싶다면 생선요리인 시후뚜땅西湖肚襠서호두당을 시켜도 좋다. 잉어를 푹 삶아 간장과 소흥주를 섞은 소스로 버무린 생선요리로, 살이 포실포실 부드럽고 촉촉해서 생선을 좋아하지 않는 사람도 한입에 반할 메뉴다. 특히 달콤하면서 살짝 매콤한 소스가 압권이라 생선을 다 먹으면 다른 메뉴조차 이 소스에 찍어먹게 된다. 진정 마성의 소스다.

뉴러우미엔牛[肉]麵우육면 역시 손꼽히는 대표 메뉴 중 하나다. 사실 고백하자면 대만의 웬

잉어를 삶아 칠리소스에 버무린 시후뚜땅.
쌀밥을 시켜 밥에 비벼먹어도 딱 좋다. 덴수이루의 숨겨진 비장의 메뉴다.

만한 뉴러우미엔 맛집보다 톈수이루의 뉴러우미엔이 훨씬 맛있다. 일단 톈수이루의 뉴러우미엔은 국물이 굉장히 진하다. 마치 갈비탕을 압축한 것 같은 국물이랄까. 커다란 살코기와 두툼한 스지, 도가니가 들어간 뉴러우미엔은 웬만한 뉴러우미엔 전문점의 그것보다 훨씬 실하고 풍성하다. 칼국수 같은 넓적한 면은 고기보다 적게 들어있고 국수의 심이 단단해 호불호가 갈릴 수 있지만 기본적으로

여느 뉴러우미엔 맛집보다 맛있는 톈수이루의 뉴러우미엔

육수와 고기의 수준이 훌륭하기 때문에 누구나 만족하며 먹을 수 있다.

결론적으로 톈수이루는 요리 하나하나가 모두 완성도가 높아 무엇을 먹어도 후회하지 않는다. 과연 딘타이펑과 더불어 대만의 대표 고급레스토랑이라 손꼽히는 집답다.

덧붙여 톈수이루는 요리뿐만 아니라 톈수이루 자체적으로 술을 담궈 술맛 역시 빼어나다. 그래서 톈수이루에 방문하는 이는 맛있는 요리와 함께 훌륭한 술을 반주로 곁들이기를 권한다. 아, 물론 톈수이루의 시그니처 메뉴인 샤오롱빠오도 함께 말이다.

롱징샤런(龍井蝦仁). 용정차와 새우로 만든 요리다. 용정차의 향은 거의 나지 않지만 찻잎을 함께 집어먹으며 담백한 새우를 맛보는 것도 괜찮은 경험이다.

# 딘타이펑 VS 덴수이루

|  | 딘타이펑 | 덴수이루 |
|---|---|---|
|  |  |  |
| 맛 | 딘타이펑의 샤오롱빠오는 전반적으로 담백하고 깔끔하다. 고기 누린내가 없고 피와 고기소의 조화 역시 적절하다. 한입에 쏙 들어가는 크기라 먹기도 편하다. 샤오롱빠오의 정답이라 할 수 있을 정도로 가장 적절한 맛의 샤오롱바오다. | 덴수이루의 샤오롱빠오는 딘타이펑의 그것보다는 전반적으로 느끼하고 기름지다. 그러나 고기의 육즙이 매우 풍부해 고기를 좋아하는 사람에게는 딘타이펑보다 더 만족도가 높다. 딘타이펑보다는 고기소의 밀도가 더 높아 완연히 '고기만두'를 먹는 느낌이다. |
| 가격<br>(2016년 기준) | 10피스 210NTS | 10피스 220NTS |
| 분위기<br>(본점 기준) | **딘타이펑 신이점(信義)**<br>레스토랑 분위기는 서민적이고 소박하다. 다소 오래되었지만 구석구석 깔끔하게 쓸고 닦은 흔적이 인상적이다. 서비스 정신이 철저한 점원들이 와서 차를 따라주고 샤오롱빠오 먹는 법에 대해서 친절하게 알려준다. 전반적으로 군더더기 없이 깔끔하고 친절하다. 주로 외국인 손님이 많아 전형적인 관광객 음식점이라는 인상이 강하다. | **덴수이루 난징점(南京)**<br>중국 골동품과 원예 등을 모아놓아 중국 전통의 고급스러운 분위기를 한껏 느낄 수 있다. 샤오롱빠오을 빚는 과정을 바로 앞에서 구경할 수 있어 딘타이펑보다 보는 재미가 쏠쏠하다. 외국인보다는 현지인의 저녁식사자리가 많아 대만 현지 분위기를 느끼며 먹을 수 있다는 것이 장점이다. 허나 서비스 정신이 딘타이펑보다는 미흡하고 음식 역시 늦게 나오는 경우가 많아 주의를 요한다. |
| 메뉴 구성 | 샤오롱빠오를 주종목으로 하는 집이라 다른 메뉴로는 주로 쇼마이나 딴딴미엔을 시킨다. 그러나 전반적으로 메뉴들이 샤오롱빠오 종류에 집중되어 있어 다른 메뉴보다는 다양한 샤오롱빠오를 맛보기를 권한다. | 샤오롱빠오 맛집이라기보다는 대만 전통요리를 특기로 하는 레스토랑이라 다른 메뉴들의 선택 폭이 넓다. 생선요리, 뉴러우미엔 등 다른 서브메뉴 역시 그 수준이 훌륭해 샤오롱빠오 외에 다른 메뉴를 맛보고 싶다면 추천하는 집이다. |
| 이런 사람에게<br>추천합니다! | • 깔끔하고 담백한 맛을 좋아한다면<br>• 친절한 서비스를 원한다면<br>• 오지 샤오롱빠오만을 즐기고 싶다면 | • 고기를 좋아하는 육식주의자라면<br>• 고급스러운 분위기를 느끼고 싶다면<br>• 다양한 대만요리를 맛보고 싶다면 |

24시간 열려있는 홍콩의 아침

# 지에싱강쓰인차

## 吉星港式飲茶

길 성 항 식 음 다

### INFO

**ADD** 台北市中山區南京東路一段
92號2樓
**TIME** 24시간 영업
**HOW TO GO**
쫑산中山 역 2번 출구 도보 10분
**Google Map**
25.051952, 121.525839

쉐이징사자오황

다진 새우가 튼실하게 들어있는 쉐이징사자오황

굴과 돼지고기를 넣어 만든 하오황차사오빠오

1950년대 대만의 젊은 연인들이 시먼띵西門町서문정에서 영화를 보고 뉴러우미엔을 먹는 게 유행이었다면, 1960년대 이후에는 영화를 보고 홍콩식 얌차이飮茶음차를 먹는 게 유행이었다. 얌차이란 차와 딤섬을 간단히 먹는 것으로 우리로 치면 딤섬브런치라 할 수 있겠다. 이즈음에 홍콩식 얌차이는 타이베이 시먼띵을 기점으로 우후죽순 생겨났으며 시먼띵 거리에 10보에 한 집이 있을 정도로 어마어마한 호황을 누렸다. 하지만 70년대가 되자 서양식 패스트푸드점이 유행하며 홍콩식 얌차이는 빠른 속도로 사라져갔다. 그러나 이를 안타깝게 여긴 한 레스토랑이 홍콩 얌차이의 부활을 목표로 타이베이에 24시간 영업하는 홍콩식 얌차이 레스토랑을 개업했고 얌차이 고유의 맛과 함께 새로운 메뉴를 개발하며 인기 체인 레스토랑으로 떠올랐다. 이 24시간 얌차이 레스토랑이 바로 지에싱강쓰인차吉星港式飮茶길성항식음차다.

지에싱강쓰인차의 매력은 무엇보다 24시간 영업이라 이른 아침이나 늦은 밤이라도 얌차이를 맛볼 수 있다는 것이다. 따라서 점심이나 저녁에 가도 상관은 없으나 가급적 아침 7시부터 10시 반 사이에 가보기를 추천한다. 사실 얌차이라는 게 홍콩에서는 주로 아침에 즐겨 먹는 메뉴이기도 하거니와 가격이 저렴한 모닝세트가 있기 때문이다. 모닝세트는 죽 하나에 딤섬 단품 하나로 구성되어 있는데 아침에 모닝세트를 먹고 나면 하루가 든든하다.

그렇다면 대체 어떤 죽과 어떤 딤섬을 골라야 할까? 보통 한국사람은 두꺼운 백과사전 같은

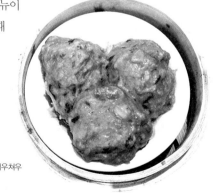

고기와 죽순으로 만든 완자, 시엔주녀우러우쳐우

시엔샤런창펀

커스터드가 들어간 나이황려우사빠오

메뉴판을 받아들면 뭐부터 시켜야 할지 몰라 당황스러워한다. 이때 차근차근 다음의 추천메뉴를 참고해 보시라.

일단 죽은 어떤 죽을 시켜도 한국의 죽맛과 유사하니 취향껏 고르면 된다. 그중에 피단써우러우쩌우皮蛋瘦肉粥피단수육죽는 한국에서는 거의 맛볼 수 없는 꽤나 독특한 메뉴다. 이 죽 안에는 피단이라는 삭힌 오리알과 살코기를 넣었는데 삭힌 오리알 덕에 죽 안에서 고소한 듯 시큼한 맛이 느껴진다. 달달하게 설탕으로 간을 한 죽에 오리알의 시큼함이 씹히는 게 특이하다. 물론 이 메뉴는 호불호가 갈리기 때문에 독특한 것을 좋아하는 사람에게만 추천한다.

딤섬 메뉴로는 얇고 찰진 피에 새우를 넣어 동그랗게 만든 쉐이징샤자오황水晶蝦餃皇수정하교황과 쌀가루를 섞은 물에 새우를 넣어 돌돌 말고 묽은 간장소스를 찍어먹는 시엔샤런창펀鮮蝦仁腸粉선하인장분을 추천한다. 쉐이징샤자오황은 쫄깃하고 얇은 피에 통통한 새우가 들어있는데 한입 베어물면 새우의 탱글함이 느껴지는 게 굉장히 만족스럽다. 시엔샤런창펀은 마치 새우가 들어있는 찹쌀떡 같은 느낌으로 쫀쫀한 쌀의 식감과

인테리어가 깔끔한 내부

피딴쌰우러우쩌우

양쩌우차오판(揚州炒飯)

새우의 탱탱함이 잘 어울린다. 만약 고기딤섬을 먹고 싶은 사람이라면 고기와 죽순으로 만든 완자 시엔주녀우러우쳐우鮮竹牛肉球선죽우육구와 굴과 돼지고기를 질게 만들어 소를 넣은 챠슈만두 하오황차사오빠오蠔皇叉燒包호황차소포를 주문하자. 시엔주녀우러우쳐우는 순수한 고깃덩어리를 뭉쳐놓은 것 같지만 안에 죽순이 있어 아작하게 씹히는 맛이 재밌다. 고기는 조금 느끼한 듯 싶지만 죽순의 아작함으로 느끼함을 상쇄해 궁합이 잘 맞는다. 하오황차사오빠오는 마치 매운 고기호빵 같다. 두툼한 호빵 같은 빵 안에 매콤하게 다진 고기소를 넣어 달짝지근하면서도 든든한 딤섬으로 손색이 없다. 그리고 마무리는 커스터드가 듬뿍 담긴 딤섬 나이황려우사빠오奶黃流沙包내황유사포로 장식하기 바란다. 달달한 디저트를 좋아하는 사람이라면 틀림없이 이 딤섬 역시도 입맛에 잘 맞을 것이다. 부드럽고 매끈한 빵 안에 달콤한 커스터드 크림이 잔뜩 들어있는데 잘못 찢으면 무척 뜨거운 크림이 주룩 흘러나오니 주의해야 한다. 아침부터 먹기에는 다소 과하게 달달한 음식이 아닌가 싶지만 홍콩식 얌차이에 에그타르트도 포함되어 있는 걸로 봐서는 그리 턱없는 메뉴는 아니다.

사실 어떤 메뉴든 모두 맛있으니 여러 명이 가서 다양하게 시켜놓고 먹기를 권한다. 한 접시당 세 점씩 크게 부담스럽지도 않고 또 홍콩 현지에서 먹는 것보다 훨씬 저렴하기 때문에 아침식사 장소로서는 최적이다. 지에싱강쓰인차에서 홍콩식 얌차이를 먹으며 1960년대 대만 연인의 데이트 모습을 상상해보는 것도 재미있을 것이다.

사랑스럽고 로맨틱한 식사

# 산허위엔
參和院
삼 화 원

## INFO

**ADD** 台北市大安區忠孝東路
四段101巷14號
**TIME** 월~목 11:30~1:00,
금, 토 11:30~2:30, 일 11:30~1:00
**HOW TO GO**
쫑샤오뚜언화忠孝敦化 역
1번 출구 도보 5분
**Google Map**
25.042240, 121.547933

화려한 조형물로 둘러싸인 외관의
산허위엔은 멀리서부터 시선을 사로잡는다.

사실 대만은 저렴한 가격과 다양한 먹거리 덕분에 친구들끼리 먹으러 가기에 딱 좋은 나라지만 의외로 연인끼리 가기에는 적당치가 않다. 대부분의 맛집이 허름하고 낡은 분위기라 연인이 로맨틱한 분위기를 내기에는 영 무드가 없다. 또 가이드북에서 추천하는 레스토랑은 너무 전통적인 음식을 파는 집들이라 샤오롱빠오, 똥퍼러우 등 메뉴가 한결같이 빤하다. 적당히 트렌디하면서도 가볍게 와인 한잔 곁들일 수 있는, 그러면서도 가격은 너무 비싸지 않고 맛있는 레스토랑은 없을까? 이때 단연 추천하는 곳이 산허위엔參和院 삼화원이다.

산허위엔은 타이베이 내에서도 손꼽히는 모던하고 현대적인 레스토랑이다. 대만음식을 모티브로 한 창작요리를 선보이기 때문에 대만의 정취를 적당히 즐기기에도 손색이 없으면서 가격도 합리적이다.

일단 산허위엔은 에피타이저부터 남다르다. 우웨이져우콩빠오五味九孔鮑오미구공포는 언뜻 보면 매실이 올라간 아이스크림콘 같다. 에피타이저에 웬 아이스크림? 그러나 이 아이스크림 부분을 떠먹으면 아이스크림이 아니라 부드러운 감자샐러드라는 것을 금방

알 수 있다. 그리고 매실같이 동그랗게 올려진 것은 매실이 아니라 바로 전복이다. 전복의 쫄깃함과 감자의 고소함이 본격 음식이 나오기 전 식욕을 돋운다. 이렇게 감자샐러드만 떠먹다보면 약간은 입이 텁텁해지는데, 그때 짠하고 상큼하게 등장하는 맛이 있다. 바로 파인애플소스로 버무린 잘게 다진 양상추다. 전복의 쫄깃함으로 시작해 상큼한 양상추샐러드로 마무리되는, 입안이 재미있는 에피타이저다. 덤으로 콘과자까지 남김 없이 해치우면 산허위엔의 재미있는 에피타이저 전주곡이 마무리된다.

이렇게 산허위엔은 기본적으로 파인애플 소스를 맛있게 쓰는 만큼 새우요리인 펑리따샤쳐우鳳梨大蝦球봉리대하구 역시 꼭 먹어야 할 메뉴다. 파인애플새우요리는 우리나라 중국집에서 파는 크림깐쇼새우를 생각하면 되는데 보통 우리나라 크림새우가 레몬 향이 감돈다면, 이곳은 파인애플을 통째로 넣어 파인애플의 새콤함과 아작함이 살아있다. 크림의 느끼함을 파인애플의 새콤함이 적절하게 잡아주고 새우살 역시 통통해 누가 먹어도 맛있는 새우요리다.

전복이 올라간 우웨이저우콩빠오

파인애플새우요리, 펑리따샤쳐우

똥퍼러우

메인요리로는 우리에게 동파육으로 잘 알려진 똥퍼러우東坡肉와 산허쮜옌투언參和炙塩豚삼화적염돈을 시키는 게 무난하다. 대만의 똥퍼러우는 보통 굉장히 짭짤하고 느끼한데 이곳은 약간 심심할 정도로 담백하다. 육질은 매우 보드랍게 연한데 맛은 그리 강하지 않아 실망하는 사람도, 또 그래서 좋아하는 사람도 있다. 산허쮜옌투언은 우리나라의 훈제삼겹살을 얇게 저며 놓은 고기라고 생각하면 되는데, 오향분이나 통산초 같은 특이한 향신료를 함께 넣어 중국의 향이 물씬 풍긴다. 향이 다소 강하게 느껴질 수 있으니 파와 마늘, 그리고 산허위엔에서 만든 상큼한 특제소스를 함께 찍어먹기 권한다. 얇게 썬 고기라 우리나라의 삼겹살보다 조금은 가벼운 느낌이라 와인이나 칵테일과 함께 곁들여먹기 딱 좋은 술안주다.

그러나 이 집의 가장 하이라이트 메뉴는 뭐니뭐니해도 '귀요미 만두' 시리즈다. 사실 이 집은 이 귀요미 시리즈를 감상하러 온다고 해도 과언이 아닐 정도로 그 인기가 대단하다. 대만식 찐만두와 군만두를 눈코입이 달린 귀여운 캐릭터로 형상화시켜 만들었는데 이 만두가 나오면 사람들은 먹기보다 카메라를 들이밀기 바쁘다. 심지어 바삭한 군만두는 그 바삭한 식감에 맞

샤오바이처우처우만위에매이나이쑤빠오. 귀엽게 눈코입이 달린 토끼만두와 고슴도치만두는 산허위엔의 하이라이트 메뉴다.

토끼만두 안에는 버터와 크랜베리를 다져 넣었고 고슴도치 만두 안에는 매콤한 고기소스가 들어있다. 만두의 겉모습과 속재료가 일치한다.

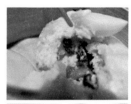

산허쭤엔투언

게 뾰족뾰족한 고슴도치로 만들었는데, 그 발상이 재미있다. 먹기 아까워 한참동안 이리저리 사진만 찍다가 만두가 식을 때쯤 이 귀요미들을 해체하기 시작한다. 그런데 귀요미의 맛이 더 재미나다. 이름도 긴 흰색 동글한 귀요미 녀석, 샤오바이처우처우만위에매이나이쑤빠오小白啾啾蔓越莓奶酥包소백추추만월매내소포는 베어물면 입안 가득 상큼함과 고소함, 달달함이 함께 풍기는데 소의 주재료가 크랜베리라서 만두라기보다는 디저트 케이크에 가깝다. 그렇다면 고슴도치 츠웨이차사오빠오刺蝟叉燒包자위차소포 안에는 과연 뭐가 들어있을까? 고슴도치를 갈라보면 다소 징그럽게도(?) 빨간색의 소가 삐져나온다. 빨간색 소는 차슈로 돼지고기를 살짝 매콤한 소스에 볶은 것이다. 조금은 죄책감이 들지만 그래도 한입 베어무니 역시 맛있다. 고기소의 짭짤함이 튀긴 호빵의 느끼함과 잘 어우러져 먹으면 먹을수록 중독되는 묘한 매력이 있다.

색, 향, 맛 세 가지가 조화를 이루는 집이라 하여 산허위엔이라 지은 이 집은 분위기, 맛, 그리고 여심까지 완벽히 사로잡는 집이다. 재미있는 귀요미 만두와 적당히 트렌디하고 예쁜 안주, 그리고 달콤한 와인 한잔을 곁들인다면 대만의 그 어떤 식사보다 로맨틱해지리라.

츠웨이차사오빠오.
바삭한 식감에 맞게
튀김만두를 고슴도치로
형상화한 아이디어가
무척 재미있다.

**대만 가정식 반찬 뷔페**

# 샤오리즈
# 칭쩌우샤오차이

## 小李子清粥小菜
### 소 이 자 청 죽 소 채

### INFO

**ADD** 台北市大安區復興南路二段142
號之1
**TIME** 17:00～6:00
**HOW TO GO**
따안大安 역 5번 출구 도보 7분
**Google Map**
25.028772, 121.543280

어느 나라나 각 시대를 대표하는 추억의 점포가 있다. 그렇다면 1990년대 대만사람들이 가장 그리워하는 추억의 음식점은 어디일까? 그곳은 바로 1987년에 개업한 샤오리즈 칭쩌우샤오차이小李子清粥小菜소이자청죽소채라는 죽집이다. 심지어 90년대를 살다가 외국으로 이민간 사람들이 대만에 오면 가장 먼저 찾는 곳일 만큼 90년대 대만 레스토랑의 대표적인 맛집이었다. 물론 지금은 그 인기가 한풀 꺾였지만 여전히 식사시간만 되면 인근 동네주민들로 발 디딜 틈 없이 붐빈다. 사실 우리로서는 죽집이 대만의 대표적인 맛집이었다는 것이 언뜻 이해가 가지 않는다. 그러나 죽집이라고 해서 한국의 본죽 같이 순수하게 죽만 파는 곳이 아니라, 오히려 대만식 반찬 뷔페에 가깝다.

홀에는 다양한 대만 반찬이 산더미처럼 쌓여있고 손님이 원하는 반찬을 고르면 직접 반찬을 퍼주거나 따뜻하게 조리해 자리로 갖다준다.

자리에 앉으면 일단 고구마죽부터 세팅해준다. 고구마죽은 대만을 대표하는 죽으로 고구마를 죽에 풀어헤치지

고구마죽

않고 익힌 고구마를 통째로 넣어 적당히 담백한 죽과 달달한 고구마를 동시에 즐길 수 있다. 죽은 쌀알이 알맞게 살아있어 밥 대용으로 먹기에 딱 좋다. 만약 죽을 다 먹으면 리필 역시 가능하다.

허나 이 집에서 죽으로 배를 불리는 건 딱히 추천하지 않는다. 겉으로는 죽집을 표방하지만 이곳의 하이라이트는 바로 반찬이다. 죽보다는 다양한 대만식 반찬을 먹어보며 대만서민의 음식문화를 체험해보자.

그러나 반찬 종류가 많아서 선택장애가 있는 사람이라면 퍽 막막할 것이다. 물론 워낙 유명하고 오래된 레스토랑이라 어떤 반찬을 고르더라도 실패는 없지만 안전하게 한국사람 입맛에 맞을만한 반찬을 추천해보겠다.

일단 필수적으로 시켜야 할 반찬은 바로 홍짜오러 紅糟肉홍조육다. 핑크색이 도는 삼겹살로 우리나라에서는 보지 못하는 비주얼이다. 맛 역시 새롭다. 우리나라 수육과 비슷한데 껍질 부분을 살짝 튀겨 바삭하면서

홍짜오러

가지요리, 위샹치에즈

줄기콩볶음, 쓰찌또우

두부조림, 칭쩡처우떠우푸

도 육질이 쫄깃하다. 겉에는 청양고추를 넣은 듯한 매콤한 소스를 살짝 발라 기름으로 튀겨 느끼할 수 있는 부분을 싹 잡아준다. 약간 짭짤해 담백한 죽과 함께 먹으면 죽이 끝도 없이 들어가니 생각 없이 과식하지 않도록 주의하며 먹어야 한다.

야채가 먹고싶다면 줄기콩인 쓰찌또우四季豆<sup>사계두</sup> 튀김과 가지요리인 위샹치에즈魚香茄子<sup>어향가지</sup> 역시 추천한다. 줄기콩튀김은 줄기콩을 기름으로 살짝 볶아 그리 짜거나 자극적이지 않아 홍짜오루와 곁들여먹기 좋다. 반면 가지요리는 적당히 짭짤하고 매콤해 담담한 죽과 궁합이 잘 맞는다.

만약 죽, 반찬, 국의 구색을 맞춘다면 두부조림인 칭쩡처우떠우푸淸蒸臭豆腐<sup>청증취두부</sup>를 시켜도 좋겠다. 묘하게 취두부의 꼬릿한 향도 풍기지만 그렇게 진하지 않고 오히려 된장과 청국장에 가깝다. 죽과 이 두부찌개를 함께 비벼먹으면 마치 한국에서 청국장찌개에 밥을 말아먹고 있는 것 같다.

이렇듯 이 집은 잘 차려진 대만 가정식 집으로 소개하기 딱 좋은 곳이다. 보통 중화권에서 반찬을 파는 곳을 방문하면 늘 모양새가 허름하고 지저분해 소개하기 난감한데 여기는 세련된 인테리어에 반찬 상태도 깨끗하고 위생적이어서 어떤 사람에게 소개하더라도 민망하지 않다.

비록 지금은 샤오리즈칭쩌우샤오차이의 명성이 쇠락했지만, 앞으로는 한국사람이 많이 찾는 대만맛집으로 재도약하기를 기대해본다.

꽈빠오刈包예吾는 대만을 대표하는 간식 중 하나다. 빵에 채소와 고기를 끼는 형태의 꽈빠오는 마치 햄버거와도 비슷해 '동양의 햄버거'라고 불리기도 한다. 보통 꽈빠오는 야시장의 노점상에서 판매하는 음식인데, 빠오빠오BUNSBAO에서는 꽈빠오를 제대로 된 한 끼로 먹을 수 있게 만들었다.

실제로 그 생김새부터가 다르다. 야시장 꽈빠오의 형태가 다소 볼품없는 것에 비해 이곳의 꽈빠오는 마치 레스토랑의 수제버거처럼 깔끔하고 근사하다. 뽀얀 색의 흰 빵에 두툼하게 썬 삼겹살과 양파, 오이채가 차곡차곡 들어있고 땅콩가루 역시 곱게 뿌려져 있다. 마치 나이프로 썰어 먹어야 할 것 같은 비주얼이다. 그런데 이 집은 특이하게도 대만식 야채반찬인 쏸차이가 따로 나온다. 쏸차이는 돼지고기와 함께 볶아 나오는데 취향에 따라 양을 가감할 수 있다. 쏸차이는 향이 꽤 강해 한국사람 입맛에는 잘 맞지 않을 수 있으니 미리 따로 먹어보고 꽈빠오에 넣도록 하자.

**미래의 대만 대표음식**

# 빠오빠오
# Bunsbao
包包Bunsbao
포포Bunsbao

## INFO

**ADD** 台北市大安區光復南路240巷48號
**TIME** 11:00~21:00(월요일 휴무)
**HOW TO GO**
궈푸찌니엔관國父紀念館 역
2번 출구 도보 3분
**Google Map**
25.040859, 121.555353

비지같이 포슬포슬하게 부서지는 식감의
두부 위에 검은깨소스를 뿌려 고소하면서
도 담백하다. 특히 조림계란이 정말 맛있
다. 온센다마고처럼 달걀노른자가 사르르
녹으면서 입안에서 사라진다.
신선한 죽순에 새콤한 겨자소스를 묻힌 죽
순요리는 아삭거리는 식감이 탁월하다.

그렇다면 맛은 어떨까? 사실 우리나라의 떡볶이가 길
거리 노점상이나 프랜차이즈 전문점이나 맛이 크게
다르지 않듯, 이곳 꽈빠오의 맛 역시 야시장 꽈빠오와
별다를 바 없다. 오히려 떡볶이처럼 벅적거리는 시장
통에서 먹는 허름한 꽈빠오를 더 매력적으로 느끼는
사람도 분명 있을 것이다.
그러나 이곳은 단순히 꽈빠오로만 승부하지 않는다.
마치 햄버거 세트메뉴처럼 다양한 선택메뉴가 있다.
꽈빠오는 화이트 빵과 흑설탕이 들어간 브라운 빵 중
에 선택할 수 있고 패티는 돼지고기, 소고기, 버섯, 닭
고기 중에 고를 수 있다. 그 다음에는 세트를 먹을 것

깔끔한 자연주의 인테리어가
인상적이다.

옥수수탕과 샐러드 4종반찬이
함께 나오는 정갈한 상차림

인지, 단품을 먹을 것인지 선택해야 하는데 세트메뉴에는 위미농탕玉米濃湯옥미농탕이라
는 옥수수탕과 샐러드 4종반찬조림계란, 죽순, 두부, 목이버섯이 포함된다. 허나 가벼운 샐러드라
고 여겨 절대 지나치지 말자. 이곳의 샐러드는 현지에서 직접 공수한 신선한 채소를 사
용할 뿐 아니라 맛 역시 훌륭하기 때문이다. 위미농탕의 국물은 작은 옥수수가 들어있
어 마치 맑은 옥수수스프 같은데 안에 삼겹살이 있어 스프보다는 탕에 가깝다.
이렇게 꽈빠오와 반찬, 국물까지 싹싹 먹고나면 꽤나 든든하다. 야시장의 간식 꽈빠오
가 이렇게 정갈한 한상차림으로 고급화될 수 있다는 게 놀라울 따름이다. 꽈빠오 세트
메뉴를 비울 때쯤이면 꽈빠오를 대만 대표음식으로 세계에 알리겠다는 빠오빠오의 패
기가 허튼 말이 아님을 느낄 수 있을 것이다.

나무느낌을 살린 외관

CHAPTER

- 2 -

현지인이
즐겨먹는
평범한 한 끼

대만 최강의 뉴러우미엔

# 스찌쩡쫑
# 뉴러우미엔

史記正宗牛肉麵
사 기 정 종 우 육 면

## INFO

**ADD** 台北市中山區民生東路二段60號
**TIME** 11:30~15:00, 17:30~21:00
### HOW TO GO
싱티엔꿍行天宮 역 1번 출구
도보 5분
### Google Map
25.057920, 121.529630

흰 국물의
칭뚜언뉴러우미엔

대만에는 뉴러우미엔牛肉麵우육면을 파는 가게가 수도 없이 많은데 그만큼 맛있는 뉴러우미엔 집을 골라내기가 쉽지는 않다. 잘못해서 실력 없는 뉴러우미엔 집에 가면 신라면에 물을 아주 많이 넣어 끓인 것 같은 밍숭맹숭한 맛이 나거나 고기비린내가 심해서 비위만 상하기 때문이다. 따라서 다른 먹을거리보다 특히 뉴러우미엔은 꼭 맛있다고 소문난 곳을 찾아야 한다. 스찌쩡쫑뉴러우미엔史記正宗牛肉麵사기정종우육면은 대만에서 발행하는 국내맛집책에 반드시 소개되는 유명한 집이다.

이곳에서는 두 가지의 뉴러우미엔을 판매한다. 하나는 빨간 국물인 홍샤오紅燒홍소에 고기를 듬뿍 담아놓은 홍샤오뉴러우미엔紅燒牛肉麵홍소우육면, 또 하나는 칭뚜언淸燉청돈이라는 흰 국물의 칭뚜언뉴러우미엔淸燉牛肉麵청돈우육면이다. 홍샤오뉴러우미엔은 많이 맵지 않고 매콤한 정

붉은 국물의 홍샤오뉴러우미엔

도인데 얼큰한 소고기탕에 면을 말아먹는 느낌이다. 그리고 그 위에 장조림 같은 굵은 살코기를 듬뿍 얹어주는데 고기 육질이 아주 보드랍고 입에서 사르르 풀리는 게 일품이다. 면 역시 독특하다. 보통 뉴러우미엔의 면은 칼국수처럼 두꺼운데 이 집 면은 훨씬 가늘면서도 탄력이 있다. 두툼한 고기와 가느다란 면발, 그리고 매콤하면서도 담백한 국물을 함께 후루룩 먹으면 기분까지 푸근해진다. 그런데 사실 이곳의 유명 메뉴는 칭뚜언이라는 흰국물의 뉴러우미엔이다. 빨간 국물의 뉴러우미엔을 먹으러 온 사람도 이 칭뚜언을 한 번 맛보면 칭뚜언에 반해서 간다. 일단 겉모습은 홍샤오뉴러우미엔과 다르게 국물이 우유처럼 뽀얗다. 이 뽀얀 국물을 내기 위해 소뼈를 48시간이나 우려내는데, 그래서 그런지 국물에서 고기의 향이 굉장히 진하게 느껴진다. 여기에도 가느다란 면을 쓰는데 마치 일본 돈코츠 라멘과 유사한 맛이다. 실제 이 집 주인은 뉴러우미엔을 만들기 위해 10년 동안 연구한 끝에 일본의 돼지뼈를 우린 돈코츠 라멘의 제조법을 차용해 흰 뉴러우미엔을 개발했다고 한다. 그래서 그런지 묘하게 일본 라멘 같으면서도 돼지뼈가 아닌 소뼈를 우려 덜 기름지고 국물의 풍미는 훨씬 깊고 그윽하

가느다른 면발이 인상적인 뉴러우미엔

장조림 같은 고깃덩어리가 들어가는 홍샤오뉴러우미엔

다. 홍샤오뉴러우미엔과 또 다른 점은 보통 뉴러우미엔이 장조림 같은 커다란 고깃덩어리를 올리는 데 반해, 흰 뉴러우미엔은 설렁탕에 올라가는 고기처럼 얇게 저민 소고기와 스지를 낸다. 그래서 다른 뉴러우미엔보다 덜 부담스럽고 담백하게 국물과 면의 맛에 집중할 수 있다.

스찌쩡쫑뉴러우미엔의 주인은 전국 뉴러우미엔 맛집을 소개하는 TV프로그램에 나와 스찌쩡쫑뉴러우미엔 맛의 비밀을 밝히며 이런 이야기기를 했다고 한다.

"맛있는 뉴러우미엔의 조리법을 알려드리겠습니다. 아주 쉽습니다. 돈 벌 생각을 하지 않으면 됩니다."

과하게 자신감 넘치는 이야기다 싶지만, 누구나 스찌쩡쫑뉴러우미엔을 맛보면 이 주인장의 멘트에 크게 공감하며 고개를 끄덕일 것이다.

대만은 식도락의 나라답게 음식에 관해 별별 설문조사를 다한다. 2015년에도 희한한 설문조사가 벌어졌는데, 설문의 주제인 즉슨 '내 인생 최고의 뉴러우미엔 레스토랑'이었다. 미식에 목숨 거는 대만사람답게 서로 앞다투어 설문에 참여했고, 그 수많은 뉴러우미엔 집이 치열한 각축전을 벌인 가운데 한 뉴러우미엔 집이 당당히 1위 타이틀을 거머쥐었다. 그곳이 바로 린동팡뉴러우미엔林東芳牛肉麵림동방우육면이다.

### 내 인생 최고의 뉴러우미엔

# 린동팡
# 뉴러우미엔

## 林東芳牛肉麵
림 동 방 우 육 면

### INFO

**ADD** 台北市中山區八德路二段274號
**TIME** 11:00~약5:00(일요일 휴무)

#### HOW TO GO
쫑샤오푸씽忠孝復興 역 1번 출구
도보 10분

#### Google Map
25.046825, 121.541341

사실 대만의 1위 타이틀을 획득한 뉴러우미엔 집치고 외관은 그리 화려하지 않다. 아무생각 없이 걷다보면 지나칠 정도로 간판은 낡아빠졌고 가게 인테리어 역시 매우 허름하다. 만약 우리나라라면 '어디어디에서 1위를 차지한 뉴러우미엔 집' 같은 현수막을 대문짝만하게 내걸 텐데 이곳에 그런 언급은 어디에도 없다. 오로지 가게 앞에 내걸린 커다란 솥에 고기 삶은 물이 뭉글뭉글한 김을 내뿜는 것으로 보아서 '아, 여기는 제대로 고기육수를 내는 집이구나'라는 추측만 할 뿐이다.

실제 뉴러우미엔을 받아들어도 영 기대는 되지 않는다. 냉면그릇같은 커다란 스테인레스 그릇에 얄팍한 숟가락을 내어주고 땡이다. 또 보통 뉴러우미엔의 국물이 약간 붉은빛이 도는 한편, 여기는 그냥 맑은 갈색이다. 여기가 진짜 최고의 뉴러우미엔 설문조사 1위를 차지한 곳이 맞나 싶은 생각에 연신 이 집의 주소지만 확인해본다.

그러나! 별 기대하지 않고 숟가락으로 국물을 살짝 떠서 후릅 마시는 순간 눈이 똥그래진다. 이 집, 맛있다! 일단 고기국물부터가 합격이다. 뉴러우미엔의 국물은 너무 진해서 자칫 느끼하거나, 또는 너무 옅어 고기의 향을 잃어버리기 쉽다. 따라서 뉴러우미엔의 미묘한 국물 맛을 맞추기가 참으로 어려운 경지인데 이 집은 진하면서도 맑다. 한마디로 고기의 구수한 향은 살아있으면서 기름은 가급적 싹 걷어냈다는 것이다. 연신 국물을 퍼먹어도 느끼하거나 물리지가 않는다. 딱 적당한 뉴러우미엔의 국물이다.

그렇다면 고기는 과연 어떨까? 넓게 썬 편육을 살짝 집어 한입 베어문다. 딱 적당하게 간이 배었으면서도 고기 육질이 단단해 식감이 좋다. 보통 뉴러우미엔 집 고기들이 흐물하게 녹아내리는 데 반해 이 집 고기는 마치 설렁탕 편육처럼 고기 씹는 맛이 살아있다. 같이 들어있는 스지 역시 큼직해 전반

세 가지 소스가 있다. 마치 우리나라 된장 같은 된장소스, 또 매콤한 소스, 그리고 고춧가루 같은 소스다. 사실 이 소스들은 낙장불입이다. 조금만 넣어도 맛이 확 변해버리기 때문에 신중하게 고르기를 권한다. 일단 현지사람들이 가장 많이 넣어먹는 게 가운데 된장소스다. 확실히 국물이 미소라멘처럼 더 구수해지고 깊어진다.

적으로 훌륭한 보양식을 먹는 기분이다. 뉴러우미엔에 담긴 고기만 먹었을뿐인데 벌써 배가 불러온다.

그러나 뉴러우미엔은 자고로 면을 맛봐야 하는 법! 고기와 국물로 배를 채운 다음 면발을 호로록, 맛본다. 그런데 이 면발, 조금 특이하다. 앞서 스찌쩡쫑뉴러우미엔이 얄팍한 라멘의 면발 같았다면 이 집 면발은 우동면같이 두껍고 힘이 있다. 그런데 푹 익힌 우동면이 아니라 약간 익히다 만 듯한 뻣뻣한 면이다. 파스타로 따지면 속의 심이 살아있는 알덴테랄까. 그래서 린동팡뉴러우미엔의 면은 확실히 호불호가 갈린다.

그러나 이 집의 최고 장점은 새벽 5시까지 영업한다는 점이다. 보통 대만에 새벽비행기로 도착하면 고된 비행에 지쳐 허기질 때가 많은데 타이베이에 도착하고 이 집으로 달려가 뉴러우미엔 한그릇을 뚝딱 먹고나면 속이 든든하다. 설문조사 1위니 뭐니 해도 결국 허기진 내 속을 따뜻하게 해주는 뉴러우미엔이 내 인생 최고의 뉴러우미엔인 것이다.

추천하는 반찬은 돼지귀무침 쭈알뚸(猪耳朵)다. 우리나라 족발처럼 쫄깃하고 짭짤하니 딱 베이컨 같다.

# 뉴러우미엔의
# 기구한 역사

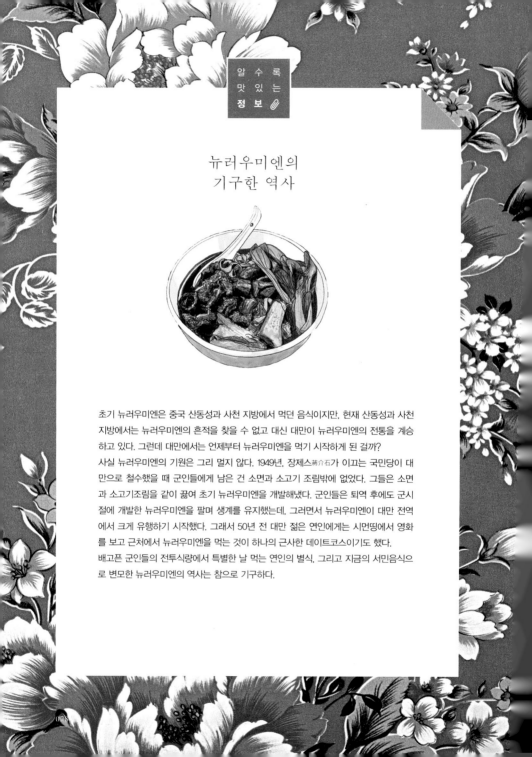

초기 뉴러우미엔은 중국 산동성과 사천 지방에서 먹던 음식이지만, 현재 산동성과 사천
지방에서는 뉴러우미엔의 흔적을 찾을 수 없고 대신 대만이 뉴러우미엔의 전통을 계승
하고 있다. 그런데 대만에서는 언제부터 뉴러우미엔을 먹기 시작하게 된 걸까?
사실 뉴러우미엔의 기원은 그리 멀지 않다. 1949년, 장제스蔣介石가 이끄는 국민당이 대
만으로 철수했을 때 군인들에게 남은 건 소면과 소고기 조림밖에 없었다. 그들은 소면
과 소고기조림을 같이 끓여 초기 뉴러우미엔을 개발해냈다. 군인들은 퇴역 후에도 군시
절에 개발한 뉴러우미엔을 팔며 생계를 유지했는데, 그러면서 뉴러우미엔이 대만 전역
에서 크게 유행하기 시작했다. 그래서 50년 전 대만 젊은 연인에게는 시먼띵에서 영화
를 보고 근처에서 뉴러우미엔을 먹는 것이 하나의 근사한 데이트코스이기도 했다.
배고픈 군인들의 전투식량에서 특별한 날 먹는 연인의 별식, 그리고 지금의 서민음식으
로 변모한 뉴러우미엔의 역사는 참으로 기구하다.

깔끔하게 즐기는
대만 전통음식

## 마싼탕

麻膳堂
마 선 당

### INFO

**ADD** 台北市中正區忠孝西路一段36號
**TIME** 11:00~14:30, 17:00~22:00

**HOW TO GO**
타이베이처짠台北車站 역
M6번 출구 도보 2분
**Google Map**
25.045903, 121.516846

마싼탕 로고는 호랑이 호(虎)자를 형상화한 디자인이다. 마싼탕이 오픈한 해가 호랑이해이기도 했으며, 이 레스토랑의 오너가 호랑이띠이기도 하며, 이 집의 대표메뉴인 마라뉴러우미엔의 밑재료인 라우후찌양(老虎醬, 호랑이소스)을 뜻하기도 한다.

대만의 맛집이라 손꼽히는 식당을 보면 외관이 허름한 곳이 압도적으로 많다. 보통 우리나라에서 장사가 잘되면 번듯하게 공사하기 마련인데 대만사람들은 오래된 매장을 바지런히 쓸고 닦으며 그대로 지켜나가는 것을 더 중요하게 생각한다. 그래서 아무리 장사가 잘되는 맛집이라도 오래된 수수한 외관 그대로다. 사실 이렇게 허름한 곳에서 소박하게 전통음식을 즐기는 것 역시 대만맛집기행의 묘미 가운데 하나지만, 대만에 처음 오거나 깔끔한 분위기를 좋아하는 사람에게 주저없이 추천하는 깔끔한 프랜차이즈 레스토랑이 있는데, 마싼탕麻膳堂마선당이다.

마싼탕은 일단 외관부터가 굉장히 모던하다. 깔끔한 기하학적 로고에 흑백의 세련된 내부 인테리어는 한국의 번듯한 파스타 가게를 연상케 한다. 한국에서는 흔한 프랜차이즈 레스토랑 모양새지만 소박한 형태를 으뜸으로 여기는 대만 정서에서는 쉽게 보기 힘든 모양새다. 실제 마싼탕의 오너는 대만 식품업계에서 손꼽히는 대기업, 통이統一그룹 후계자로서 미국과 일본 등에서 유학한 경험을 살려 마싼탕을 차렸다. 그래서 마싼탕의 아이덴티티와 인테리어디자인도 일본 유명 디자인그룹에 위탁해서 일본 특유의 깔끔함이 매장 인테리어 곳곳에 배어있다. 특히 오픈키친의 주방은 정갈하게 유니폼을 갖춰입은 셰프들이 실시간으로 조리하는 모습을 볼 수 있어 위생적이라는 느낌도 든다.

대만 음식점치고 럭셔리한(?) 인테리어와 다르게 가격은 꽤나 합리적이다. 한국 분식집 정도의 가격보다 저렴하거나 비슷한데 음식 수준은 그 이상이다.

일단 이 집에 가면 가장 기본적으로 시켜야 할 첫번째 메뉴가 바로 마라뉴러우미엔麻辣

마라뉴러우미엔

牛肉麵<sup>마라우육면</sup>이다. 마라뉴러우미엔은 뉴러우미엔의 고기향과 마라의 매운맛을 동시에 갖고 있다. 이런 국물에 굵고 꼬들한 면발과 콩나물, 선지, 송송 썬 파, 말린 두부를 기본으로 얹어 주는데 한국의 해장국에 면을 넣은 형태라고 생각하면 이해가 쉬울 것이다. 마라뉴러우미엔의 고기는 양, 돼지, 소 중에서 선택할 수 있는데 한국식 해장국에 익숙한 한국사람이라면 소고기를 선택하는 것이 가장 무난하다.

그렇다고 한국 해장국과 똑같을 거라고 생각하면 오산이다. 한국 해장국이 속을 얼큰하게 하는 매운맛이라면 마라뉴러우미엔은 산초 때문에 속이 맵지 않고 입술이 얼얼하게 맵다. '입이 화~해진다'는 표현이 적절하겠다. 또 한국 해장국이 소피를 굳힌 선지가 들어갔다면 여기는 오리피를 굳힌 야쉐鴨血<sup>압혈</sup>가 들어간다. 식감은 선지와 유사하게 말캉한데 선지의 비린맛을 좋아하지 않는다면 딱히 추천하지 않는다. 그러나 푸짐한 고기와 굵고 쫄깃한 면발과 함께 먹는 매콤한 마라뉴러우미엔은 우리 입맛에 적당히 맞으면서도 이국적인 맛을 내기 때문에 한번쯤은 먹어볼만하다.

더불어 사이드로 시켜볼 메뉴는 마찌앙미엔麻醬麵<sup>마장면</sup>과 홍여우쉐이쟈오紅油水餃<sup>홍유수교</sup>라는 물만두다. 마찌앙미엔은 고소한 참깨소스에 오이를 함께 비벼먹는 중국 전통 면식으로 땅콩버터 맛이 강하다. 처음 맛은 고소하고 달콤하기도 하나 계속 먹다보면 약간 느끼할 수 있으니 혼자 먹기보다는 여러 명이 함께 나눠먹으면 좋다. 홍여우쉐이

참깨소스와 오이로 버무린 마찌앙미엔.
땅콩버터 맛이 강해서 다소 느끼하지만
여러 명이 나눠먹기 좋다.

쟈오는 평범한 물만두지만 따뜻한
고추기름과 송송 썬 파에 풍덩 빠뜨려
서 매콤한 향을 더했다. 그러나 앞서 말했
듯 중국의 매콤한 맛은 속이 매운 게 아니라 입
이 화한 맛이라 우리나라의 고추만두나 김치만두와는
다른 맛을 경험해볼 수 있다.

마싼탕은 식사를 마치고서도 특유의 깔끔함과 친절한 서비스 덕분에 기분이 좋다. 물론
오래되고 허름한 집을 탐방하는 게 대만맛집여행의 정석이지만, 가끔은 이렇게 깔끔하
고 시스템이 잘 갖춰진 곳에서 대만 전통음식을 먹어보는 것도 대만맛집여행의 또다른
묘미다.

빨간 고추기름에 물만두를 빠뜨린 홍여우쉐이쟈오.
입 주변이 얼얼하게 맵지만 묘하게 중독되는 맛이다.
느끼한 마찌앙미엔과 함께 먹으면 최고의 궁합을 맛볼 수 있다.

뚜언러우판

## 대만사람의 진짜 식사

# 라오파이황찌
# 뚜언러우판

## 老牌黃記燉肉飯

노 패 황 기 돈 육 반

### INFO

ADD 台北市萬華區漢口街二段25號

TIME 10:00~20:00

둘째 넷째 토요일 휴무

HOW TO GO

시먼西門 역 6번 출구 도보 5분

Google Map

25.045552, 121.507702

**\*루웨이 (滷味)**
루웨이 향에 들어가는 약재와 향신료는
만드는 사람에 따라 차이가 있지만 기본
적으로는 진피, 정향, 회향, 육두구, 생강,
팔각, 산초, 감초, 계피가 들어간다.

황찌러우판의 간판

시먼띵은 한국의 명동처럼 젊은이로 북적거리는 거리
다. 보통 관광객은 시먼띵에 가면 특유의 젊은 분위기
에 휩쓸려 망고빙수, 찌파이雞排계배, 쩐쭈나이차珍珠
奶茶진주내차 등 시먼띵의 트렌디한 간식을 즐긴다. 그
러나 우리나라 명동에도 와플이나 회오리감자같은 트
렌디한 음식뿐 아니라 〈명동교자〉같이 역사가 지긋한
음식점이 있듯, 대만의 시먼띵에도 오래된 맛집이 구
석구석에 자리잡고 있다.

그들 중에 라오파이황찌뚜언러우판老牌黃記燉肉飯노
패황기돈육반은 대만 전통음식 뚜언러우판燉肉飯돈육반이
메인인 노포다. 뚜언러우판은 돼지삼겹살 부분을 간
장과 루웨이滷味노미\*로 3시간 이상 흐물흐물해질 때
까지 졸여 밥에 얹은 것인데, 저렴하면서도 간단하게
한 끼 해결하기에 좋은, 대만사람들의 오랜 주식 중
하나다. 뚜언러우판은 한국의 된장찌개처럼 대만사람
에게 대중적인 음식인 반면 그 때문에 맛있다고 인정
받기가 힘든데, 라오파이황찌뚜언러우판은 대만사람
사이에서도 뚜언러우판 맛집으로 손꼽히는 곳이다.

허나 라오파이황찌뚜언러우판에 당도하면 실망할 수
도 있다. 겉보기에는 너무 허름하고 낡아 과연 이 집

현지인들이 저녁을 먹으러 찾는 가게다.

함께 시키면 좋은 두부(油豆腐)와 달걀조림(滷蛋)

이 소문난 맛집이 맞나 싶다. 거기다 젊은 사람은 코빼기도 찾아볼 수 없고 중장년층 아저씨들이 모두 신문을 읽으며 한자리씩 꿰차고 있어 생판초짜인 외국인이 가게에 들어가기도 다소 부담스럽다. 그러나 이 아저씨들 앞에 놓인 뚜언러우판을 보면 이야기가 달라진다. 뚜언러우판이 앞에 놓이면 다들 뭐에 홀린 듯 젓가락으로 호로록 열심히 먹기 시작하는데 그 적극적인 모양새는 구경만 해도 침이 고인다.

카운터에 주문하면 얼마 걸리지 않아 따끈하게 김이 오르는 뚜언러우판이 테이블 위에 오른다. 윤기가 좌르륵 흐르는 갈색 삼겹살과 밥알이 살아있는 고슬한 쌀밥, 그리고 그 밑에 깔린 쏸차이라는 밑반찬의 조화가 침샘을 자극한다. 삼겹살을 조심스럽게 찢어 밥에 얹고 쏸차이를 더해 입에 우겨넣는다. 그 순간 짭짤한 살코기와 비계가 사르르 녹으며 고슬한 밥과 완벽한 시너지를 만들어낸다. 좀 양념이 강하다 싶으면 담백한 쏸차이가 이 짭짤함을 적당히 잡아준다. 마치 고급 갈비찜을 얹은 밥을 먹는 것 같은데 가격은 분식집 김밥 수준이라 가성비로는 최고의 음식이다.

사실 뚜언러우판은 밥그릇 자체도 작아 소소한 야식에 가깝기 때문에 뚜언러우판을 에피타이저로 먹고 시먼띵의 다양한 간식을 체험해보자.

소소하지만 오래된 대만맛집의 전형을 경험하고 싶다면, 단연코 라오파이황찌 뚜언러우판이다.

깔끔한 루러우판 집도 있다

## 후쉬 짱
## 루러우판

### 鬍鬚張魯肉飯
호 수 장 노 육 반

### INFO

**ADD** 台北市大同區寧夏路62號
**TIME** 10:00～01:30
**HOW TO GO**
쌍리엔雙連 역 1번 출구 도보 10분
**Google Map**
25.056882, 121.515441

사실 앞에 소개한 라오파이황찌뚜언러우판 같은 가게는 외관이 허름해 여성들에게는 그리 매력적인 맛집이 아닐 수 있다. 그래서 이번에는 같은 러우판肉飯노반을 팔면서도 분위기 역시 깔끔하고 트렌디한 곳을 소개하겠다.

이름은 후쉬짱루러우판鬍鬚張魯肉飯호수장노육반, 즉 '수염난 장씨의 루러우판 집'이라는 곳이다. 후쉬짱루러우판은 일단 인테리어가 아주 깔끔하고 예쁘다. 더부룩하게 수염난 아저씨아마 이 사람이 후쉬짱인 듯하다가 인자하게 웃고 있는 그림 사이로 대만 전통 꽃패턴이 수 놓인 인테리어는 밥집이 아니라 디자인숍 같다.

대표메뉴는 역시나 루러우판. 작은 공기밥에 짭짤한 돼지껍데기와 다진고기를 간장에 졸여 올렸다. 물론 라오파이황찌뚜언러우판에 비해 고기는 덜 실하지만 젓가락으로 호 로록 먹는 재미는 쏠쏠하다.

| 달걀조림, 루딴(魯蛋) | 꽁완탕 | 샹창 |

함께 시키면 좋을 메뉴로 꽁완탕貢丸湯공환탕이 있다. 일종의 돼지고기완자탕으로 다진돼지고기를 꽉꽉 채운 완자가 일품이다. 그리고 거기에 무를 함께 푹 고아 시원한 맛까지 더하니 짭짤한 루러우판과 함께 먹을 국용으로 적합하다. 여기에 반찬으로 대만식 소시지인 샹창香腸향장을 함께 먹으면 출출함을 달래주는 아주 적당한 끼니가 완성된다.

만약 가게 안에서 먹는 게 여의치 않으면 도시락도 있으니 상황에 맞춰 먹어보자.

**수염아저씨 후쉬짱!**

후쉬짱은 '수염의 장씨'라는 뜻이다. 이는 창업주인 장옌취엔 씨가 식당 경영 때문에 하루에 3~4시간밖에 못 잘 정도로 바빠 항상 덥수룩한 수염을 기르고 다녀 식당을 즐겨 찾는 단골손님이 "후쉬짱 후쉬짱"이라고 부른 데서 비롯되었다. 후쉬짱루러우판은 성업이 계속되어 2004년에는 일본 동경 록본기에 해외지점을 내기에 이르렀다.

후쉬짱 아저씨는 과연 수염을 깎을 시간이 생길까? 심지어 최근에는 인터넷 판매도 시작했다고 하니 후쉬짱 아저씨의 수염 정리는 당분간 요원해 보인다.

루러우판

# 대만식 가벼운 한 끼 식사
## 러우판

대만사람은 러우판肉飯이라는 덮밥을 즐겨 먹는다. 러우판은 우리나라의 한정식같이 거한 밥상도 아니고 또 김밥처럼 간단한 테이크아웃 밥도 아닌, 10분 안에 호로록 먹을 수있는 간단한 덮밥종류를 말한다. 마치 우리가 집에서 대충 끼니를 때울 때 쌀밥에 장조림과 마가린을 얹어 젓가락으로 홀홀 먹는 형태와 유사하다. 우리나라에서는 보통 이런형태의 밥을 따로 판매하지는 않으나, 대만에서는 이런 소소한 덮밥을 아주 싼 가격에판매하고 있다. 따라서 배가 불러 거하게 먹기 부담스럽거나 야식을 계획해 조금만 먹어야 하는 경우라면 러우판 집에 들러 허기를 채우는 것도 추천한다.

러우판의 종류에는 고기덮밥인 루러우판魯肉飯이 있고 닭고기밥인 찌러우판雞肉飯이 있다. 루러우판은 삽겹살찜처럼 큰 고깃덩어리를 밥위에 얹어주는 형태와 다진고기를 토핑처럼 얹어주는 형태가 있는데, 기본적으로 짭짤한 갈비덮밥 같은 맛이 나는 것은 동일하다. 찌러우판은 닭고기를 잘게 찢어 간장소스에 버무린 것을 낸 형태로 우리나라의통조림 닭가슴살을 밥에 얹어먹는 느낌이다. 찌러우판은 본래 광복 이후 대만에 주둔한미군이 먹다 남은 칠면조를 밥에 얹어먹던 것에서 유래한 음식으로 이것이 후에 닭고기로 교체되며 지금의 찌러우판이 되었다. 요즘은 칠면조를 구하는 게 더 어려워 칠면조보다 닭고기를 쓰는 집이 더 많지만 기회가 된다면 찌러우판의 원형인 칠면조고기덮밥, 훠찌러우판을 먹어봐도 좋겠다.

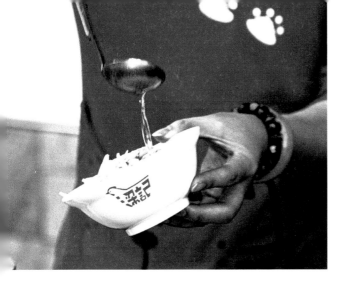

대만까지 가서 먹어야 하는
닭고기밥

## 량찌 찌아이
## 찌러우판

梁記嘉義雞肉飯
양 기 가 의 계 육 반

### INFO

**ADD** 台北市中山區松江路90巷19號
**TIME** 10:30~20:30
**HOW TO GO**
쑹지양난찡宋江南京 역 3번 출구 도보 5분
**Google Map**
25.050605, 121.530449

솔직히 말하겠다. 대만맛집을 훑고 다니기 시작하던 당시, 대만 유명맛집에 올라있는 닭고기밥에 굉장히 회의적이었다. 굳이 대만까지 와서 닭고기밥이라니? 샤오롱빠오, 똥퍼러우, 뉴러우미엔 등 산해진미가 많은 대만에서 한국에서도 먹을 수 있는 닭고기밥을 대체 왜 먹는단 말인가! 심지어 이곳은 찾아가기도 쉽지 않았다. 절대 닭고기밥 따위를 팔지 않을 것 같은 오피스텔을 헤집고 가면 허름한 집이 하나 불쑥 나오는데 그곳이 바로 량찌찌아이찌러우판梁記嘉義雞肉飯양기가의계육반이다.

그런데 이 닭고기밥, 찌러우판雞肉飯계육반은 겉모습도 정직하기 짝이 없다. 정말 말 그래도 닭고기를 찢어 그냥 손바닥만한 밥공기에 얹어놓은 게 끝이다. 한국 닭가슴살 통조림을 그대로 얹어도 비주얼이 이보다는 잘 나올 것 같다. 나도 모르게 먹기 전부터 입이 삐죽 나와버렸다.

그러나 반전은 이 닭고기밥을 한 술 뜬 순간부터다. 별 기대 없이 먹기 시작했는데, 생각보다 괜찮다 싶더니 마지막에는 너무 맛있어서 아예 밥공기를 한 손에 들고 젓가락으로 입에 탈탈 털어넣었다. 그렇게 5분 만에 한 공기를 해치웠다. 그리고 당연히 한 공기를 더 시켰다.

이 정도면 닭고기밥, 보통내기가 아니다. 작은 덮밥이라고 얕봤다가는 큰코다친다. 대체 이 닭고기밥은 왜 이렇게 맛있는걸까?

일단 이 집은 밥이 맛있다. 쌀알이 하나하나 윤기가 흐르는 게 좋은 쌀을 쓴 티가 난다.

그러면서도 밥을 고실고실하게 지어 젓가락으로 호로록 먹기 좋다. 그런데 무엇보다 찌러우판을 중독되게 만드는 맛의 비결은 바로 소스다. 보통 찌러우판은 간장으로만 간을 해 과하게 짜거나 간장 맛밖에 느껴지지 않는데 이곳은 소스의 풍미가 매우 복합적이다. 진한 닭고기 냄새도 풍기면서 버터의 고소한 맛도 느껴진다. 그야말로 내공이 느껴지는 집인 것이다. 실제 이 집은 찌러우판에 보통의 간장이 아니라 직접 만든 네 가지 특제소스를 끼얹는다. 특제소스의 비결은 비밀이라 하지만, 일설에 따르면 이 집은 닭을 통째로 쪄낸 다음 다시 그 닭을 힘껏 짜낸 육수로 소스를 만든다고 한다. 정말 닭 향의 진액만 추출한 셈이다. 찌러우판에서 맡았던 고소한 버터 향의 비밀이 풀리는 순간이다.

그러나 찌러우판의 하이라이트를 즐기려면 달걀프라이도 함께 주문해야 한다. 달걀프라이는 센 불에 기름을 넉넉히 둘러 튀기듯이 만든 것으로, 겉은 살짝 탄 듯하나 노른자는 터지지 않은 상태다. 이 집에서 밥을 먹는 거의 모든 사람의 테이블에 달걀프라이가 하나씩 놓여있는데

이 집은 찌러우판뿐 아니라 루러우판(魯肉飯)도 있다. 루러우판은 돼지고기 다짐육을 밥에 솔솔 뿌린 작은 덮밥인데 돼지고기의 적당히 느끼한 기름이 밥에 부드럽게 섞여들었다. 마치 갈비찜의 남은 소스를 밥에 비벼먹는 느낌이랄까. 짜지 않고 돼지고기 맛이 풍부하게 느껴지는 게 찌러우판과 더불어 시켜볼만한 메뉴다.

다들 찌러우판을 반쯤 먹고 남은 반에 이 달걀프라이를 톡 터뜨려 먹는다. 터뜨린 달걀프라이는 노른자가 쩌벅하게 밖으로 흘러나오는데 여기에 특제소스로 간을 한 찌러우판을 솔솔 비벼먹으면 눈 깜짝할 사이에 한 공기를 뚝딱 비우게 된다. 그야말로 밥도둑인 셈이다.

사실 찌러우판은 어떤 이에게는 추억의 맛이기도 하다. 어릴 적 반찬이 없을 때 밥공기에 마가린을 넣고 흰쌀밥을 올려 간장과 깨를 솔솔 뿌리고 달걀프라이를 톡 깨어 비벼먹던 그 맛이다. 다만 여기에 닭고기와 특제소스가 추가되었을 뿐인데 기본 베이스의 맛은 이와 유사하다.

한 그릇을 게 눈 감추듯 먹고 이 집이 왜 대만맛집 상위에 올라있는지 깊이 공감했다. 굳이 대만까지 와서! 량찌찌아이찌러우판의 닭고기밥은 충분히 먹을 가치가 있다.

원추리꽃과 돼지고기를 함께 넣어
탕으로 끓인 찐츠러우탕(金針赤肉湯)

60년 전통의 아침식사 집

## 쩌우찌
## 러우쩌우띠엔
### 周記肉粥店
#### 주 기 육 죽 점

**INFO**

**ADD** 台北市萬華區廣州街104號
**TIME** 06:00~16:50
**HOW TO GO**
롱산스龍山寺 역 1번 출구 도보 5분
**Google Map**
25.036512, 121.502244

한국 관광객이 대만에서 필수적으로 들르는 코스 중 하나가 바로 용산사다. 용산사는 타이베이 사람들이 가장 많이 찾는 절일뿐 아니라 역사도 오래되었기 때문에 가이드북에 빼놓지 않고 소개되는 명소다. 용산사는 어느 시간대에 방문해도 좋겠지만 개인적으로는 오전시간을 추천한다. 왜냐하면 용산사 근처에는 60년 전통의 유구한 역사를 자랑하는 아침식사 집이 있기 때문이다!

쩌우찌러우쩌우띠엔周記肉粥店주기육죽점. 이름에서도 알 수 있듯 러우쩌우肉粥육죽, 즉 고기죽을 파는 집이다. 사실 대만의 거의 모든 맛집이 그렇듯 이 집 역시 겉모습은 허름하기 짝이 없고 간판 역시 잘 보이지 않는다. 옛날식 타일로 도배되고 낡은 의자와 책상이 대충 놓여 있는 모습을 보노라면 과연 대만에서 손꼽히는 맛집이 맞나 싶다.

그러나 외국인 하나 없이 오로지 현지인으로만 채워진 풍경을 보면 현지인에게 사랑받는 로컬맛집이라는 것을 어렵지 않게 짐작할 수 있다. 특히 손님 중에 노인 비중이 높은데, 용산사가 우리나라로 치면 파고다공원 같은 곳이라 많은 노인이 즐겨찾기 때문일 것이다. 단골로 보이는 듯한 노인들이 아침을 먹으러 삼삼오오 모인 풍경을 보면 과연 오래된 전통 맛집이구나 싶다.

대만사람은 아침에는 밥 대신 가볍게 죽을 사먹으며 하루를 시작한다. 대만에는 죽 종류도 굉장히 많고 가격도 매우 저렴한데 대만에 가면 아침으로 죽을 먹는 문화를 체험해보는 것도 좋겠다.

이곳의 간판메뉴는 바로 고기죽. 그런데 이 고
기죽은 한국의 그것에 비해 조금 특이한 형태
다. 한국은 걸쭉한 찹쌀죽에 다진고기를 올
려놓는 반면 이곳의 고기죽은 진한 고기국
물에 숭늉을 먹는 것 같다. 보통 죽은 쌀의
형체가 사라지는데 여기는 불린 밥알에 고깃
국을 붓는 시스템이기 때문에 쌀알의 퍼짐이 없
다. 이 고기죽의 포인트는 바로 고기국물이다. 돼
지뼈를 푹 고아 우려 국물이 아주 진국인데 몰캉한 돼
지힘줄과 함께 먹으면 이만큼 속이 편하면서도 든든
한 아침식사가 없다.

만약 여기서 고기죽만으로는 뭔가 부족하고 아쉽다면
돼지고기튀김인 홍샤우러우紅燒肉홍소육를 시켜보자.
홍샤오러우는 마치 우리나라의 프라이드치킨처럼 삼
겹살을 바삭하게 튀긴 요리인데 이 집의 달달한 특제
소스에 찍어먹으면 참 맛있다. 고기 자체에도 짭짤하

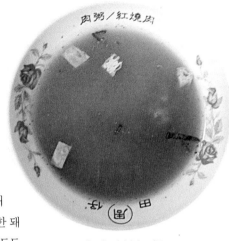

겉보기는 허여멀건 고기죽

돼지뼈를 고아 돼지힘줄과 함께 먹는다.

돼지고기튀김, 홍사우러우

차게 식힌 닭고기, 찌러우

게 간이 잘 배어있어 소스에 찍어먹지 않고 고기죽에 얹어먹어도 환상의 궁합을 자랑한다.

아침식사가 콘셉트인만큼 이 집의 메뉴는 하나같이 그리 양이 많지 않다. 아침으로 먹기에는 적당한 양일 수 있지만 만약 점심이라면 이야기는 조금 달라진다. 이때 함께 시키면 좋을 요리가 찌러우雞肉계육다. 찌러우는 찐 닭고기를 차게 식혀 먹는 것인데, 대만식 술로 절여 은은한 풍미가 살아있다. 맛은 한국 백숙에서 먹는 쫄깃한 닭고기 맛이나 식감이 훨씬 시원해 맛 자체가 상당히 이색적이다.

그 외에도 이 집만의 별미로 상어고기인 사위鯊魚사어, 돔베기고기를 빼놓으면 섭하다. 이 상어고기에는 껍질이 붙어 나오는데 대만에서는 맛보기 쉽지 않은 요리이므로 기회가 되면 먹어보기를 추천한다. 다만, 한국인 입맛에는 다소 기름질 수 있으니 개인의 기호에 따라 주문하도록.

용산사에 가면 현지인과 더불어 소원을 빌고, 현지인이 사랑하는 아침식사 집에서 여유롭게 아침을 즐겨보자. 아마 용산사를 방문하는 즐거움이 배가 될 것이다.

딴수이淡水<sup>딴수</sup>는 영화 〈말할 수 없는 비밀〉의 배경이
자 아름다운 일몰을 보러 한국사람이 많이 가는 대만
관광지 중 하나다. 그런데 일몰을 보고나면 사실 딴수
이에서 저녁을 먹기가 애매하다. 딴수이에는 큰 규모
의 야시장도 없고 가이드북에서 소개하는 유명 레스
토랑 역시 없기 때문이다. 그래서 보통은 꼬르륵 거리
는 배를 움켜쥐고 다시 타이베이 중심부로 넘어오기
마련인데 이제는 그럴 필요가 없다.

바이예원저우따훤뚜언百葉溫州大餛飩<sup>백엽온주대혼돈</sup>이
라는 괜찮은 선택지가 있기 때문이다. 일단 이 집은
무려 40년이 넘는 역사를 자랑한다. 방문객이 많은
휴일에는 하루 2000그릇이나 팔린다고 하니 그야말
로 딴수이의 유서 깊은 명물인 셈이다.

그렇다고 뭐 거창한 것을 파는 것은 아니다. 이 집의
대표메뉴는 이름에서도 할 수 있듯 훤뚜언餛飩<sup>혼돈</sup>이
다. 훤뚜언은 얇은 피에 고기소를 살짝 넣어 만든 아
주 작은 만두로 끓인 만둣국을 말하는데, 보통 광동이
나 홍콩에서는 이 훤뚜언을 '완탐'이라 하며 아침식사
로 먹기도 한다. 그런데 이 집의 훤뚜언은 뭔가 다르
다. 다른 집의 훤뚜언이 종잇장 같이 얇은 피에 고기
를 넣어 한두 번 접어 만든 만두라면, 이곳의 훤뚜
언은 마치 종이접기하듯 여러 겹 겹쳐올린 만두다.
한마디로 손이 더 많이 간 셈이다. 실제로 주인은
이렇게 복잡하게 만드는 훤뚜언이 익숙하지 않아 초
창기에는 집에서 휴지로 연습하기도 했단다. 만두피
에 쏟은 이런 정성 덕분인지 이 훤뚜언을 입에 넣으면
겹겹이 얇게 레이어된 만두피의 재미있는 식감이 느
껴진다. 마치 밀푀유 돈가스나 크레이프 케이크 같은

학창시절 주걸륜을 사로잡은 집

# 바이예원저우
## 따훤뚜언
百葉溫州大餛飩
백 엽 온 주 대 혼 돈

### INFO

**ADD** 新北市淡水區中正路177號
**TIME** 10:00~21:00
**HOW TO GO**
단수이淡水 역 1번 출구 도보 10분
**Google Map**
25.171229, 121.438542

정성들여 빚은 훤뚜언

여러 겹이 접힌 훤뚜언

식감이랄까.

고기 역시 다른 훤뚜언 집에서 쓰는 고기와 다르다. 다른 곳보다 더 튼실하고 굵직한데 신기하게도 입에 넣자마자 사르르 녹는다. 주인 말에 따르면, 훤뚜언에 들어가는 돼지고기소는 그날 잡은 흑돼지만 사용하며 점성이 생길 때까지 수십 번 돼지고기 반죽을 치댄다고 한다. 그래서 아주 부드럽고 찰지다.

이렇게 특별하게 만들어진 훤뚜언은 국으로 삶아 간을 하고 채썬 지단과 김가루, 배추무침을 함께 넣어 내온다. 겉보기에는 단순해 보일지 몰라도 깊은 내공이 느껴지는 맛이다.

만약 훤뚜언만으로 배가 차지 않을 때는 훈제닭다리 카오찌퇴이烤雞腿고계퇴를 함께 먹자. 닭다리에 소스를 바른 후 숙성시켜 구운 훈제닭다리는 딱 우리나라 트럭에서 파는 장작구이 통닭 맛이다. 껍질이 기름에 절여져 적당히 바삭하고 살도 쫄깃한 게 특별할 건 없지만 훈제닭다리의 정석을 보여준다. 닭다리도 꽤나 커 훤뚜언과 함께라면 적당히 배부른 식사가 될 수 있다.

그런데 사실 이 집의 숨겨진 보석 같은 메뉴는 의외로 대만식 짜장면, 짜장미엔炸醬麵

훈제닭다리, 카오찌퇴이

094

작장면이다. 휜뚜언을 메인으로 내세우는
집이라 짜장미엔은 사이드메뉴처럼
느껴지지만 한국사람들과 함께 이 집
에 갔을 때 이구동성 맛있다고 외친
회심의 메뉴다. 이 집 짜장미엔 레시
피는 사실 무척 단촐하다. 돼지기름
에 다진마늘과 양파를 볶고 다짐육과
특제 검은콩장을 섞는 것으로 한국 짜장
면을 만드는 방식과 별다를 바 없다. 그러나
'특제 검은콩장' 덕분일까. 이 집의 짜장미엔은
묘하게 짜지 않고 구수하다. 한국 짜장면이 춘장을 섞

짜장미엔

었다면 이 짜장미엔은 마치 된장을 섞은 것 같은 맛이랄까. 물론
한국 짜장면처럼 달콤한 짭짤함은 있는데 한국 짜장면보다 훨씬 담백하고 콩맛이 확 느
껴진다. 특히 면이 흐들흐들해 다소 묽은 검은콩장이 면에 짭쪼름하게 잘 배었다. 한국
보다 훨씬 풍부하면서도 색다른 짜장미엔을 맛보고 싶다면 강력추천하는 메뉴다.
참고로 이 레스토랑은 영화 〈말할 수 없는 비밀〉의 주인공이자 대만의 슈퍼스타 주걸륜
이 학창시절 때 자주 들린 단골집이다. 아마 주걸륜의 팬이라면 성지순례하듯 이 집을
방문하겠지만, 주걸륜의 팬이 아닌 사람도 이곳에 들려 맛을 보면 왜
주걸륜이 단골로 삼았는지 크게 공감하게 될 것이다.

짜장미엔보다 조금 더 묽지만 고기의 질감이 잘
살아있는 러우딩빤미엔(肉丁拌麵)

아침마다 생각나는 대만의 맛

# 쓰찌에
# 또우장따왕

## 世界豆漿大王
세 계 두 장 대 왕

### INFO

**ADD** 新北市永和區永和路二段284號
**TIME** 24시간 영업
**HOW TO GO**
띵시頂溪 역 2번 출구 도보 3분
**Google Map**
25.015490, 121.516111

아침대용으로 두유를 먹는 이들이 꽤 있다. 두유는 아침에 먹어도 부담스럽거나 자극적이지 않으면서 콩의 단백질을 가장 간편히 섭취할 수 있기 때문이다. 역시 대만에도 아침의 두유 같은 존재가 있는데, 바로 또우장豆漿두장으로 일종의 콩물이다. 그렇다고 해서 한국의 콩국수 국물처럼 진득한 콩물을 생각하면 오산이다. 또우장은 콩의 건더기는 버리고 남은 콩물에 설탕을 넣어서 달달하게 마시는 형태인데 두유처럼 입에서 까끌거리는 콩의 느낌 전혀 없이 맑고 개운하다.

물론 아침으로 이 맑은 콩국물만 먹기에는 영양학적으로 부족할 수 있다. 그래서인지 대만사람은 요우티야오油條유조라는 기다랗게 생긴 튀긴 빵을 세트메뉴처럼 곁들여먹는데, 이 맛의 조화가 기가 막히다. 사실 요우티야오는 생각보다 맛은 밋밋하고 기름지기 때문에, 이것만 먹은 한국사람들은 대부분 실망하기 일쑤다. 요우티야오를 제대로 즐기기 위해서는 바로 또우장이 있어야 한다.

자, 일단 요우티야오를 또우장에 푹 담그고 딱 십초만 세어보자. 십초 후, 딱딱한 요우티야오는 마치 마법처럼 딱 먹기 좋은 형태로 촉촉하고 부드러워진다. 물론 요우티야오를 집어들면 또우장이 뚝뚝 흐르겠지만 괘념치 말고 또우장에 적신 요우티야오를 와구와구, 먹자. 또우장을 머금은 달달한 요우티야오가 입안에서 부드럽게 퍼지며 나도 모르게 '음~' 하는 감탄사가 터질 것이다. 이렇게 먹다보면 어느새 그 길었던 요우티야오가 자취를 감춘다. 아쉬워하기에는 아직 이르다. 흥건하게 남은 또우장을 마시는 게 이 세트메뉴의 마무리다. 처음에는 밋밋하고 달기만 했던 콩물 또우장이 요우티야오의 기름이 더해져 한층 고소하고 짭짤해졌다. 그야말로 요우티야오와 또우장의 원원인 셈이다.

그런데 대만에서는 또우장을 보통 용허또우장永和豆漿영화두장이라고 한다. 왜 또우장 앞에 '용허永和'를 붙이는 걸까? 이것은 마치 '춘천닭갈비'나 '평양냉면' 같이 그 장소의 음식이 너무 유명해서 음식의 고유명사가 되어버리는 것과 같다. 용허도 또우장이 가장 유명한 장소를 이르는 말인데 실제로 대만사람은 물론, 중국사람까지 용허라는 곳이 정확히 어디인지 몰라도 '용허또우장'이라는 단어는 대부분 알고있다. 그리고 용허또우장 중에서도 제일 유명한 집이 쓰찌에또우장따왕世界豆漿大王세계두장대왕이다. 한마디로 전국구 또우장 집인 셈이다. 실제 쓰찌에또우장따왕을 방문하면 입구의 그릇마다 스타와 정치인 사인으로 도배되어 있는 것을 볼 수 있다. 그중에는 중화권 톱스타 주성치 사인도 있으니 눈을 크게 뜨고 찾아보자.

그런데 이 집이 이렇게까지 히트를 친 이유는 무엇일까? 그 비결은 바로 이 집만의 독특한 또우장에 있다. 사실 또우장은 우리나라 된장처럼 집집마다 만드는 방식이 다 다르다. 어떤 집은 된장이 부드럽고 어떤 집은 짜고 강한 것처럼, 또우장도 달달하거나 고소하거나 하는 등 맛의 스펙트럼이 넓다. 그런데 이 집의 또우장은 첫맛은 달달하게 시작하다가 끝맛은 시원하고 구수하다. 다른 집 또우장이 단순히 편의점에서 파는 두유 같다면, 이 집의 또우장은 정말 콩을 우린 '콩우유' 같다. 그래서 대만의 제대로 된 또우장을 경험해보고 싶다면 이 집이 제격이다.

또우장에 담가먹는 요우티야오 역시 수준급이다. 이 집의 요우티야오는 다른 집의 것보다 훨씬 빵에 가깝고 식감이 무척 부드럽다. 덧붙여 신선한 기름에 튀겼는지 기름의 찌든 맛이 전혀 없어 요우티야오를 처음 접하는 사람도 부담 없이 먹을 수 있다.

이렇게 요우티야오와 또우장 모두가 완성도가 높은 만큼 이 둘을 같이 먹었을 때의 시너지 역시 배가 된다. 이 집의 요우티야오는 다른 집의 요우티야오보다 빵 안에 기포가 많아 요우티야오를 또우장에 찍었을 때 콩물이 더 빠르게 흡수된다. 다른 집이 십초를 세어야 따따한 요우티야오가 부드러워진다면 이집은 삼초 정도면 충분하다. 요우티야

테이크아웃 잔에 나오는 또우장

오 역시 본래부터 무드러웠기 때문에 삼초만 담가 두어도 마치 우유에 푹 담근 스폰지케이크를 먹는 것 같다. 이렇게 먹다보면 어느새 손 안에 든 기다란 요우티야오가 흔적도 없이 사라진다. 그럼에도 결코 부담스럽지 않고 오히려 상쾌하고 개운하다. 하루를 시작하기에 딱 적당한 메뉴다.

물론 활동량이 많은 여행객은 이 정도의 양으로 부족할 수 있으니 이 집의 다른 메뉴 역시 시켜봄직하다. 샤오롱빠오小籠包소롱포는 샤오롱빠오 전문 레스토랑보다 피의 두께나 맛은

떨어질지 몰라도 입에 가득 차는 고기의 맛이 압권이다. 또 판퇀飯糰반단은 밥 안에 간 고기 러우송과 여러 부재료를 넣어 샌드로 만든 것인데 꽤 달짝지근해서 판퇀을 처음 접하는 이들도 맛있게 먹을 수 있다.

그러나 다른 사이드메뉴가 아무리 맛있어도 요우티야오와 또우장의 위력을 넘을 수는 없다. 요우티야오와 또우장 세트가 아이부터 어른까지 대중적인 아침메뉴로 사랑받는 데는 그만한 이유가 있다. 대만에 와서 한 끼 정도는 졸린 눈을 비비고 일어나 현지인들과 함께 대만식 아침식사를 경험해보는 건 어떨까? 아마 한국에서 아침을 맞을 때 이 대만의 아침식사가 종종 그리워질지도 모른다.

앞서 이야기했던 것처럼 또우장과 요우티야오는 대만의 대표적인 아침식사다. 물론 역사로 보면 쓰찌에또우장따왕世界豆漿大王세계두장대왕이 가장 앞서있지만, 쓰찌에또우장따왕과 더불어 또우장의 양대산맥이라 불리는 또우장 집이 있으니 바로 푸항또우장이다. 사실 쓰찌에또우장따왕이 역사적으로 더 전통있는 곳이지만 현재 대만사람에게 더 사랑받는 집은 바로 푸항또우장이다.

그러나 일정이 빡빡한 여행자라면 앞서 소개한 쓰찌에또우장을 권한다. 이유는 사실 맛보다는 '시간'에 있다. 잠깐 내 경험을 이야기하면, 새벽에 공항에 도착하자마자 호텔에 짐도 풀지 않은 채 푸항또우장阜杭豆漿부항두장으로 달려갔다. 듣자하니 푸항또우장에 입장하기 위한 줄이 엄청나거니와 새벽에 가지 않으면 기본적으로 두세 시간은 기다려야 한다는 '괴담'을 들었기 때문이다. 사실 속으로는 '설마 고작 아침 하나 먹으러 그렇게까지 기다리겠어'라고 생각했지만, 푸항또우장에 당도한 순간 그 괴담은 현실이 되었다. 푸항또우장의 오픈은 새벽 5시 반인데, 오픈을 기다리는 줄이 이미 매장을 넘어서 아스팔트 도로까지 뻗어 있었기 때문이다. 맛집에 미친 대만사람들이라 이렇게 줄을 서는데 익숙하다지만, 이 집의 줄은 지금까지 대만맛집을 다니며 선 줄 중에 가장 길고도 긴 줄이었다. 길고 긴 기다림 끝에 아스팔트 줄에서 탈출하니 이번에는 2층까지 건물 안의 줄을 서야 했다. 그리고 매장에 가까스로 도착해서도 음식을 받기까지의 줄이 끝도 없이 이어져 결국 새벽에 당도했지만 보통 아침식사 스케줄대로 밥을 먹게 되었다.

나야 먹기 위해 대만여행을 다니는 것이니 이런 줄쯤이야 참고 기다려야 하지만 여행스케줄이 빡빡한 일반 여행자라면 이런 심한 웨이팅은 감내하기 힘들 것이다. 따라서 이 집은 여유있게 여행 일정을 잡았을 때, 또는 고작 아침을 먹으러 줄을 서는 대만사람들의 독특한 아침문화를 굳이 경험하고 싶을 때 방문하기를 추천한다.

자, 그렇다면 과연 맛은 어떨까? 이렇게 살인적인 웨이팅을 하면서까지 이 아침식사를 먹어볼 필요가 있을까? 답은 일단 유보하겠다. 대만의 평범한 아침식사를 경험해보고픈 대만 초급여행자라면 이런 심한 웨이팅을 감내하면서 먹어볼 필요가 딱히 없다. 오히려 상대적으로 한가한 쓰찌에또우장따왕으로 가는 게 훨씬 나은 선택이다. 그러나 또우장을 몇 번 먹어보고 또우장의 담박한 맛에 반한 대만맛집 상급여행자라면 충분히 기다릴 만한 가치가 있는 집이다. 대만에서는 푸항또우장이 최고의 또우장 집으로 올라있고 심지어 대만 전역은 물론 홍콩이나 일본에서도 또우장의 명성을 듣고 찾아올 정도이기 때문이다. 따라서 살면서 한 번쯤 최고의 또우장을 먹어보고 싶은 사람에게는 단연코 추천한다.

물론 쓰찌에또우장따왕도 상급의 또우장 수준을 자랑한다. 쓰찌에또우장따왕이 살짝은 비릿한 콩 향을 선보이며 또우장의 맛을 극대화했다면, 이 집 또우장은 콩 향이 그리 세지 않아 쓰찌에또우장따왕보다 다소 심심할 수 있다. 그러나 맛은 더 오묘하다. 담담한 것 같으면서도 달달하고, 경쾌하고 가벼운 것 같으면서도 고급스럽다. 한마디로 정의 내릴 수 없는 맛이다. 이 맛이 대체 뭔지 싶어 계속 마시다보면 어느새 또우장이 바닥을 보인다. 마치 첫눈에는 평범하지만 입으면 입을수록 아름다운 미니멀한 샤넬드레스 같달까.

그래서 다른 집은 요우티야오와 또우장이 환상적인 궁합이지만, 이 집만큼은 요우티야오에 또우장을 담그지 말고 온연히 또우장만을 맛보기를 권한다. 전분반죽에 달걀을 올려 말아먹는 딴빙蛋餅단병과 화로에서 구워나온 두꺼운 빵 허우빙厚餅후병도 있어 배를 채우기에는 좋지만 맛은 상대적으로 평이하다.

또우장은 따뜻하게든 차갑게든 먹을 수 있는데, 또우장 본연의 담박한 맛을 즐기고 싶다면 차가운 또우장을 맛보자. 아마 또우장을 웬만큼 먹어본 사람이라면 단연코 인생 또우장이라고 꼽을 것이다. 이 집을 선택할지의 여부는 온전히 당신에게 달려있다.

짭짤한 시엔또우장(鹹豆漿)

대만에서 맛보는 홍콩의 한 끼

# 펑청사오라
# 위에차이

## 鳳城燒臘粵菜
봉 성 소 랍 월 채

### INFO

**ADD** 台北市大安區新生南路三段58號
**TIME** 10:30~20:30
**HOW TO GO**
타이띠엔따러우台電大樓 역
3번 출구 도보 7분
**Google Map**
25.018192, 121.531634

대만은 중국음식뿐 아니라 홍콩음식을 맛보기에도 최적의 장소다. 홍콩 딤섬, 홍콩 디저트, 그리고 홍콩 레스토랑 체인까지 진출해 있기 때문이다. 홍콩음식을 좋아하는 사람은 대만음식이 홍콩 본토와 맛이 비슷하면서도 가격은 훨씬 저렴하기 때문에 대만에 와서 일부러 홍콩음식을 찾곤 한다. 펑청사오라위에차이鳳城燒臘粵菜봉성소랍월채 역시 홍콩식 요리 사오라燒臘소랍를 전문으로 하는 집이다. 사오燒소와 라臘랍는 각각 광동식 조리법을 의미한다. 사오는 훈제구이한 조리법이며, 라는 고기를 염장하여 자연바람으로 건조하는 조리법을 뜻한다. 그리고 사오 음식과 라 음식을 함께 파는 사오라가 하나의 고유명사로 굳어졌는데, 홍콩에서는 이 사오라를 밥이나 국수 위에 얹어먹곤 한다.

펑청사오라위에차이는 대만에서 처음으로 사오라 요리를 선보인 유서 깊은 집이다. 이 집 주인 한씨는 홍콩 태생이며 11세에 대만으로 이주해 정착했다. 그리고 아버지와 제부의 요리비법을 전수받아 펑청사오라위에차이를 개업하며 대만 사오라의 효시가 되었다. 처음 개업할 당시에는 오리 세 마리를 삼 일 동안 간신히 팔았으나, 점점 사오라의 맛이 대만에 퍼지면서 현재는 하루에 백 마리 넘게 팔고 있다고 한다.

과연 인기가 많은 집답게 점심에 가면 늘 자리가 없어 한참을 기다려야 한다. 드디어 자리에 안착하면 제일 먼저 이 집의 시그니처 메뉴인 산바오판三寶飯삼보반을 시켜보자. 산바오판에는 흰밥 위에 닭고기인 사오찌燒雞소계와 돼지고기인 사오러우燒肉소육, 차사오

叉燒차쇼를 올리고 매실로 만든 달달하고 새콤한 소스를 끼얹는다. 이 세 가지 고기가 모두 보물같은 음식이라 하여 산바오판은 보물의 '寶'자가 들어간다. 요즘은 개인의 입맛에 맞게 아무 고기나 세 개를 골라서 올려도 산바오판이라고도 한다. 그런데 만약 홍콩에서 산바오판을 먹어본 사람이라면 대만의 산바오판이 다소 낯설게 느껴질 수 있다. 홍콩의 산바오판이 꾸덕한 소스를 곱게 발라 구운 느낌이라면 대만의 산바오판은 조금 더 묽은 소스를 끼얹어 훨씬 달달하고 촉촉하다. 고기 역시 매우 튼실하고 부드러워 소스와 함께 먹으면 밥이 술술 넘어간다. 밥도 그득 퍼주고 90위안한화 약 3500원, 가격대비 가성비가 매우 좋다.

산바오판

그런데 사실 사오라는 맛이 다 비슷비슷하다. 고기만 달라질 뿐 소스 종류는 달라지지 않기 때문에 여럿 함께 갔다면 일행이 모두 사오라를 시킬 필요가 없다. 한 명쯤은 지띠쩌우及第粥급제죽를 시켜보자. 지띠쩌우는 광동식 죽, 콘지인데 우리가 흔히 생각하는 밋밋한 흰 쌀죽이 아니다. 일단 지디쩌우 안에는 굉장히 많은 게 들어있다. 큼지막한 돼지고기는 물론 튼실한 새우도 송송 박혀있다. 그런데 이 죽을 특별하게 만드는 건 바로 생강이다. 보통 죽에서는 맡을 수 없는 생강 향이 확 난다. 그래서 죽이 다른 쌀죽과 다르게 개운하고 향긋하다.

만약 여기까지 먹고도 뭔가 조금 아쉽다면? 그럴 때는 소고기볶음밥인 녀우러우차오판 牛肉炒飯우육소반을 시켜보자. '홍콩식 음식점에 와서 웬 볶음밥?'이라고 생각할지 모르겠지만 의외로 많은 현지인이 볶음밥을 시킨다. 이 집의 볶음밥은 짭짤하면서 기름진,

즉석에서 돼지고기, 오리고기를 썰어서 밥 위에 올려준다.

전형적인 중국집 볶음밥이다. 센 불에 확 볶아 불 맛이 나면서도 쌀알이 포슬포슬하게 살아있어 한번 시작하면 정신없이 퍼먹게 되는 마성의 음식이다.

광동식 죽. 지띠쩌우

사실 사오라 집의 외관은 다소 혐오스럽다. 오리와 닭이 눈을 부릅뜬 채로 목이 축 늘어져있는 게 비위가 약한 사람은 질색할 비주얼이다. 그러나 사오라 요리사가 이 윤기 흐르는 고기를 턱턱턱 손질해 소스를 얹어내는 조리과정을 보다보면 저도 모르게 침이 꼴깍 넘어간다. 타이베이에 가면 대만의 사오라 1호 레스토랑, 펑청 사오라위에차이에서 홍콩 사오라의 세계를 경험해보자. 오히려 홍콩 본토보다 당신 입맛에 잘 맞을지도 모른다.

불 맛이 살아있는 소고기볶음밥.
녀우러우차오판

105

**대만철도청에서 만든 도시락**

# 타이티에삐엔땅
## 台鐵便當
### 태 철 편 당

#### INFO

**ADD** 台北市中正區北平西路3號台北
火車站1F西三門)
**TIME** 08:30~19:00
#### HOW TO GO
타이베이처짠台北車站 역
지하에서 도보이동
#### Google Map
25.047923, 121.517082

도시락은 기차여행의 로망이다. 일본에도 에키벤이라는 형태로 기차 안에서 도시락을 먹는 문화가 정착되어 있고 심지어 이 철도도시락을 주제로 한 만화책까지 인기리에 출판될 정도다. 일본의 영향을 많이 받은 대만 역시 철도도시락에 대한 관심도 만만치 않다. 실제 대만의 철도도시락은 일본 식민지 때 생겨난 것인데 현재는 일년에 500만 개의 도시락이 팔려나갈 정도로 대만 도시락의 상징적인 아이콘으로 자리매김했다. 특이한 사실은 이 대만 철도도시락은 개인이 아니라 대만철도청관리국에서 직접 생산한다는 것이다. 그래서 모양을 화려하게 내기보다는 최대한 풍부한 영양을 고려한 도시락이다.

타이베이 기차역에서도 철도도시락을 구매할 수 있

타이베이 기차역에 있는 타이티에삐엔땅

가장 저렴한 사각종이도시락
타이티에파이구삐엔땅

다. 평소에는 세 가지 종류의 도시락을 판매하는데 가장 저렴한 사각종이도시락 타이티에파이구삐엔땅臺鐵排骨便當<sup>대철배골편당</sup>이 가장 잘 팔리는 메뉴다. 장조림달걀, 두부, 돼지갈비, 짜사이 등이 들어있어 가장 저렴해도 철도도시락의 맛을 느끼기에 충분하다. 달걀이나 두부, 갈비 모두 굉장히 좋은 재료를 썼는데, 특히 갈비는 60위안<sup>한화 약 2500원</sup>의 도시락이라고 생각할 수 없을 정도로 실하다. 전반적으로 간장베이스로 짭짤하게 간을 해 밥이 술술 넘어간다.

대만철도청에서 만드는 도시락으로, 타이베이를 포함해 다섯 개 역에서 각기 특색을 지닌 도시락을 만들어 팔고 있다. 때문에 대만 철도도시락을 즐기는 여행객은, 각 지역의 도시락을 먹고 차이를 확인하는 것을 즐긴다.

특히 아침 일찍 대만 동쪽 타이루거협곡으로 떠나는 여행객은 타이베이 기차역에서 도시락을 사서 기차 안에서 한 끼 해결하기 딱 좋다. 대만의 풍광을 바라보며 기차 안에서 철도도시락을 까먹는 타이베이 철도여행의 낭만을 느껴보자.

채소가 더 많이 들어있는 팔각종이도시락
파이구빠쟈오무피엔허삐엔땅(排骨八角木片盒便當)

도시락을 서기 위해 길게 늘어선 줄

도시락의 정석

# 샹이에삐엔땅

鄉野便當
향 야 편 당

**INFO**

**ADD** 新北市貢寮區福隆街1號
**TIME** 09:00~17:30
**HOW TO GO**
기차-푸룽福隆역 앞 (타이베이台北 역에서 푸룽福隆 역까지는 소요시간이 약 1시간 반 정도다)
**Google Map**
25.016002, 121.944670

겉보기에는 다소 촌스러운 도시락 패키지

타이베이에서 기차로 동쪽으로 한 시간쯤 가면 푸룽이라는 지역에 도착한다. 푸룽에는 자전거 트레킹과 산책로가 있을 뿐 유명한 관광지는 없다. 하지만 이 역 근처에는 역의 규모나 주위 관광지 인프라를 따져봤을 때 과하다 싶을 정도로 도시락 집이 많다. 대체 왜 푸룽이라는 지역에 도시락 집이 이렇게 많은 걸까? 대만에 본격적으로 자동차 도로가 개통되기 전, 타이베이 사람들이 동쪽으로 가려면 무조건 철도를 이용할 수밖에 없었고, 푸룽은 지리적으로 타이베이 중심부와 타이베이 동쪽 지역의 딱 가운데에 위치한 중간 기섬 역이었다. 매일 타이베이 동쪽으로 출근했던 사람들은 아침 먹을 시간이 되면 꼭 푸룽 부근에 도착했고, 이 지역에 이들을 대상으로 하는 수많은 도시락 집이 생겨났다. 승강장에 기차가 정차하면 도시락 상인들이 도시락이 가득 든 바구니를 들고 출근중인 사람들에게 우르르 몰려들어 창문 사이로 도시락을 팔았는데, 이 풍경은 푸룽의 명물이 되었다.

물론 지금은 도로가 뚫려 옛날만큼 북적거리는 모습은 볼 수 없지만, 여전히 대만사람들은 추억에 젖어 푸룽 기차역의 도시락을 사먹곤 한다. 특히 역에서 가장 가까운 샹이에삐엔땅鄉野便當향야편당은 도시락 집 가운데에서도 가장 인기 있는 집으로 굳이 이 집의 도

시락을 사러 대만철도를 타는 사람도 적지 않다고 한다.

샹이에삐엔땅은 언제나 웨이팅 줄이 길고 구입하는 사람도 한 번에 평균 10~20개 정도를 사들고 가기 때문에 최소한 30분은 기다려야 이 집 도시락을 맛볼 수 있다.

그렇다면 철도까지 타고 가서 산 도시락의 맛은 어떨까? 결론부터 말하면 이 집은 도시락의 정석이자 교과서다. 무릇 도시락은 이래야 한다는 모범을 보여주는 맛이랄까. 안에는 달걀, 어묵, 고기, 양배추, 샹창 등 가장 기본적인 반찬이 들었는데 맛 하나하나가 다 개성이 살아있다. 보통 도시락 반찬은 향이나 맛이 뒤섞이기 마련인데 이 도시락 반찬은 서로 그 맛과 향을 해치지 않고 고유의 특색을 지키고 있다. 달걀은 훈제 향이 살포시 나면서도 신선하고, 양배추는 기름으로 볶았지만 매우 아삭하다. 어묵은 특유의 쫀쫀함이 일품이고, 고기 역시 잡내 없이 향긋하고 살코기가 튼실하다. 대만식 소시지 샹창 역시 보들함이 살아있고 간도 적당히 짭짤하다. 이처럼 반찬 하나하나 모두 완성도가 높아 마치 한 명 한 명 개인역량이 뛰어난 오케스트라의 연주를 듣는 기분이다. 보통 다른 도시락이 재료의 허술함을 간장의 짭짤함으로 덮으려고 하는데, 이곳은 재료 하나하나가 다 신선하니 굳이 간을 세게 하지 않는다. 진정한 고수의 맛이다.

가격은 도시락 하나당 60위안<sup></sup>한화 약 2500원으로 꽤 저렴한 편인데, 특히 도시락 안에 든 내용물을 생각하면 가성비가 아주 좋다. 물론 한정된 여행일정에 도시락을 먹으러 여기까지 철도여행을 하는 건 다소 시간낭비일 수 있겠지만, 대만 철도여행을 계획한다면 꼭 이 푸룽의 도시락 집에 들려보자. 낭만적인 철도여행의 시작은 맛있는 도시락 집에서 시작하기 때문이다.

결이 고운 살코기가 인상적이다. 한눈에 봐도 질이 좋은 고기를 쓴 것을 알 수 있다.

두고두고 생각나는 푸짐함

# 린허파

## 林合發
### 임 합 발

## INFO

**ADD** 台北市大同區迪化街一段21號1樓
(永樂市場1樓1041號攤位)
**TIME** 07:00~13:00
**HOW TO GO**
베이먼北門 역 3번 출구 도보 10분
**Google Map**
25.054975, 121.510320

한국에서는 아기가 태어나고 백일이 되면 돌잔치를 열며 떡, 과일 등의 잔치상을 차린다. 대만에도 아기가 태어난 지 만 한 달이 되는 날, 조상님께 감사드리고 아이의 건강을 기원하며 주위사람에게 요우판油飯유반을 돌리는 풍습이 있다. 요우판은 번역하자면 '기름밥'인데 찹쌀 위에 잘게 썬 대추와 살코기, 표고버섯을 올려 찰기 있게 찐 밥이다. 맛은 한국의 약밥과도 비슷한데, 떡에 가까운 한국 약밥보다 더 기름진 것이 볶음밥에 가깝다. 옛날에는 전통방식으로 집집마다 요우판을 만들었지만 최근에는 집에서 만들지 않고 요우판 전문점을 이용한다. 그리고 현재 태어난 지 한 날이 된 아기를 가진 타이베이 가족에게 가장 사랑받는 요우판 전문점이 바로 린허파林合發임합발다.

린허파는 1894년부터 영업을 시작해 현재까지 100년이 넘도록 요우판을 만들어온 유서 깊은 요우판 전문점이다. 린허파는 타이베이의 가장 오래된 번화가인 디화지에거리迪化街적화가 용러시장永樂市場영락시장 건물 안에 있다. 주말이 되면 요우판을 사러온 인파로 북적이는데 비단 백일이 된 아기를 가진 가족뿐 아니라 전통의 요우판을 맛보고 싶어 멀리서 찾아온 사람도 많다. 테이크아웃만 가능하고 안에서 먹을 장소가 없어 관광객의 경우 주변 공원이나 숙소로 가져가서 먹어야 하는 불편함이 있지만 이 요우판은 충분히 그럴만한 가치가 있다.

일단 양이 정말 많다. 네모난 도시락 박스에 밥을 가득
눌러 담아주는데 여자 네 명이 먹어도 충분하다. 그리
고 푸짐한 밥에 표고버섯을 산처럼 쌓아 밥에서도 표
고의 향이 은은하다. 여기에 대추와 돼지고기가 섞여
무언가 달짝지근하면서 씹는 맛이 재미있다. 사실 표
고버섯이나 대추, 고기 등 올라가는 재료는 평범할 수
있으나 기본적으로 재료 자체가 신선해서 맛이 실하
다. 심지어 그 위에 올라간 훈제달걀 역시 신선한 달걀
로 만들어서 노른자가 아주 크다. 그래서 재료가 단출
할지라도 훨씬 맛있다. 사이드로 훈제닭다리를 올려주
는데 살이 통통하게 올라있어 표고버섯과 함께 먹으면
아주 든든한 식사가 된다.

뿐만 아니라 위궈챠오芋粿巧우궈교 역시 사이드로 먹어볼만한 메뉴다. 위궈챠오는 토란
과 찹쌀을 섞어 만든 떡의 일종인데 린허파는 요우판 이전에 이 메뉴로 세간에 알려졌
다. 이 집만의 특수한 비법으로 쪄낸 토란은 지금도 큰 인기를 얻고 있다.

전통비법으로 만들어낸 위궈챠오와 요우판 인기 덕에 린허파는 백화점이나 유명 쇼핑
몰에서 분점 제의가 끊이지 않았다고 하는데 음식 맛을 한 곳에서 유지하고자 하는 주
인의 신념 덕분에 100년 동안 이곳에서만 영업하고 있다.

아기 탄생 한달맞이 밥이 뭐 특별하겠냐 싶지만 다화지에 용러시장에 가면 꼭 줄을 서
서 요우판을 먹어보자. 아마 그 푸짐한
맛이 한국 와서도 두고두고 생각날 것
이다.

CHAPTER

- *3* -

훌훌
가볍게 먹는
작은 간식거리

재미있는 식감의 조화

# 아종미엔시엔
## 阿宗麵線
아 종 면 선

### INFO

**ADD** 台北市萬華區峨眉街8-1號
**TIME** 월~목 11:00~22:30
금, 토 11:00~23:00
**HOW TO GO**
시먼西門역 6번출구 도보 2분
**Google Map**
25.043392, 121.507588

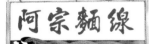

재밌는 영화와 만화가 있듯, 음식도 재미있는 맛이 있다. '맛있다'라고도 표현할 수 있지만 '재미있다'라고도 표현할 수 있는 음식은 그 음식에 대해 이야기하는 것만으로도 흥미진진하다. 그리고 대만에서 가장 재미있는 음식을 꼽으라면 바로 아종미엔시엔阿宗麵線아종면선이다. 사실 한국 관광객 사이에서도 시먼띵 곱창국수로 익히 알려져 있는 아종미엔시엔은 단순히 '맛'을 떠나서 '재미'를 논할 수 있다.

일단 면부터가 재밌다. 다른 대만 국수와 달리 머리카락처럼 매우 얇다. 미엔시엔麵線면선 자체가 대만에서는 선처럼 얇은 면이라는 뜻이다. 그래서 아종미엔시엔은 국수를 거하게 '먹는' 게 아니라 간단하게 '마신다'고 표현하는 것이 더 적절하다. 아종미엔시엔을 먹는 사람들도 젓가락으로 면을 집는 게 아니라 코를 박고 숟가락으로 후루룩 긁어가며 마시는데 그 얇고 쫄깃한 면발의 식감에 정신 팔려 먹다보면 금세 한 그릇이 비워진다. 그런데 이 얇은 미엔시엔의 비밀은 바로 수타에 있다. 보통 소면 같은 국수는 기계로 뽑는 반면, 미엔시엔은 기계로 뽑으면 이 쫄깃한 맛이 나지

소스 칸이 있는데 순서대로 보면 칠리, 마늘, 검은식초(비네거)다. 다른 것보다 검은식초를 아주 조금 쳐서 먹는 것을 추천하는데, 이 식초를 한 방울 떨어트리면 아종미엔시엔의 짭짤하고 향긋하면서도 약간은 시큼하고 오묘하고 재밌는 맛을 즐길 수 있다.

않아 오로지 사람이 손으로 치대 이 얇은 면을 만든다. 물론 매장에서 직접 만들지 않고, 수작업이지만 공장에서 대량으로 만들어 지점에 납품하기 때문에 수타면이라는 느낌은 덜하지만 그 사실을 알고먹는 것만으로도 느낌이 다르다.

아종미엔시엔은 식감도 재미있다. 일단 두툼한 대창이 올려졌다. 보통 아종미엔시엔이 한국에서는 곱창국수로 알려져 있는데, 사실 돼지대창이다. 쫄깃하고 씹을수록 고소한 대창과 호로록 넘어가는 얇은 면발이 만드는 식감 대비가 진짜 재밌다. 그런데 신기한 건 면만 먹어도 이 대비가 느껴진다는 것이다. 겉보기에는 얇은 면발인데 호로록 먹다보면 중간중간 굵고 약간은 뻣뻣한 면이 느껴지는데 이것은 바로 얇게 저민 실죽순이다. 이처럼 아종미엔시엔은 먹으면 먹을수록 대창의 쫄깃함과 죽순의 아삭함 그리고 국수의 호로록이 입안에서 감미로운 식감의 하모니를 만들어낸다.

그러나 결정적으로 아종미엔시엔은 맛의 조화 그 자체가 정말 재미있다. 아종미엔시엔은 가쓰오부시 국물을 쩌벅하게 내어 짭짤하고 걸쭉한 맛이 베이스다. 그리고 면 위에 다진마늘을 올려 알싸한 향을 주고 끝은 바질잎으로 마무리한다. 여기에 검은식초를 넣어 새콤함을 더한다. 들어간 재료는 매우 복잡하지만 맛의 하모니가 절묘하다.

이처럼 아종미엔시엔은 면과 식감, 맛의 조화 자체가 재미있게 어우러진 타이베이의 대표 샤오츠다. 아종미엔시엔을 이미 먹어본 사람도 이런 아종미엔시엔의 비밀을 알고 다시 먹어보면 아마 그 맛이 다르게 느껴지리라.

손맛의 쫄깃함

# 린총좌빙

### 林蔥抓餅
림 총 조 병

## INFO

**ADD** 台北市士林區
中正路235巷10號
**TIME** 11:00~23:00
**HOW TO GO**
스린士林 역 1번 출구 도보 2분
**Google Map**
25.094859, 121.526001

총좌빙蔥抓餅총조병은 우리나라 음식에 비유하자면 파전이라고 볼 수 있지만, 그 형태는 파전보다 훨씬 가볍다. 한마디로 파전과 크레페의 중간이랄까. 쫀득한 밀가루 반죽을 불판에 두르고 거기에 송송 썬 파를 넣어 휘~ 부치는 총좌빙은 기호에 따라 치즈나 달걀 토핑을 추가해서 먹기도 하는데, 대만사람들은 주로 쏸차이와 생바질잎을 추가해서 먹는다. 총좌징은 먹기 거하지도, 그렇다고 다 먹고 허기지지도 않아 아침으로 딱 적당한 메뉴다. 그래서 아침메뉴로 죽과 함께 총좌빙을 추천하는데 사실 어디서든 총좌빙을 팔기 때문에 아무데서나 쉽게 맛볼 수 있다. 그러나 아쉽게도 여행자의 끼니는 한정되어 있는 법! 따라서 총좌빙을 먹더라도 유명한 총좌빙 집에서 제대로 된 총좌빙을 먹어보자. 그리고 그 '제대로 된' 총좌빙 집이 바로 린총좌빙林蔥抓餅림총조병이다.

린총좌빙은 고궁박물원으로 가는 스린 역 바로 앞이라 박물원에 가기 전에 간단히 아침으로 먹기에 딱 좋다. 평소 줄이 길어서 줄서기가 망설여질 수 있으나 능숙하게 총좌빙을 굽는 주인장의 솜씨 덕에 생각보다 줄이 빠르게 주니 인내심을 갖고 줄을 서보자.

린총좌빙을 추천하는 이유는 딱 하나다. 바로 총좌빙을 직접 손으로 찢는다는 것! 사실 우리나라도 그렇지만 대부분의 밀가루 반죽 부침개는 국자로 휘릭 불판에 두른 후 뒤집

개로 꾹꾹 누른다. 그래서 총좌빙은 대만 어디서 먹어도 우리나라 파전의 식감과 그다지 차이를 느끼지 못한다. 그러나 이곳은 밀가루 반죽을 불판 위에 두른 다음 조금 달궈지면 주인아저씨가 쫀득해진 반죽을 들어 손으로 좍좍 찢어 다시 올려놓는다. 이 손놀림(?) 덕에 린총좌빙은 다른 총좌빙 집에서는 느끼지 못하는 손맛의 쫄깃함이 있다.

어떤 이는 이 총좌빙을 먹고 마치 맛있는 군만두 집의 만두피만 발라먹는 것 같다고 했고, 또 어떤 이는 얇게 편 깨찰빵을 먹는 것 같다고도 했다. 그 맛이 어떨지 상상이 가는가?

자, 이제 당신이 직접 느껴볼 차례다.

린총좌빙과 함께 먹으면 좋은 음료수,
시엔차오똥꽈루(仙草冬瓜露).
젤리가 들어있다.

아시아에서
가장 맛있는 인생역전

# 티엔진총좌빙

### 天津蔥抓餅
#### 천 진 총 조 병

**INFO**

**ADD** 台北市大安區永康街6巷1號
**TIME** 11:00～22:00
**HOW TO GO**
동먼東門 역 5번 출구 도보 3분
**Google Map**
25.032659, 121.529698

옛날이야기 하나 하겠다. 꽤 오래 전, 타이베이에 살던 임씨는 조그마한 점포를 구해 신발가게를 차렸다. 신발굽을 두들기며 하나하나 손수 신발을 만들던 임씨는 손재주가 뛰어나 금방 입소문을 탔고 신발가게는 아주 번창했다. 그런데 세월이 흘러 타이베이도 대량생산의 물결이 휩쓸면서 사람들은 공장에서 만들어진 저렴한 신발에 익숙해져 더 이상 임씨의 신발가게를 찾지 않게 되었다. 곧 임씨는 오래도록 해온 신발가게를 접고 어쩔 수 없이 택시기사로 생계를 이어나갔다. 임씨의 부인 역시 생계를 위해 조그마한 점포를 내어 나이차奶茶내차와 또우화豆花두화를 팔았지만 장사가 안 되기는 마찬가지였다. 그러다가 2001년, 수입이 시원치 않던 임씨는 택시도 접고 궁여지책으로 부인이 하는 나이차 가게 일을 도우며 총좌빙을 만들어 팔았다.

헌데 신발을 만들던 임씨의 손재주가 어디로 갈 리 만무. 신발굽을 정성스레 깎던 그 칼솜씨가 총좌빙을 찢고 굽는 솜씨로 탈바꿈하며 임씨의 인생은 그야말로 '로또'를 맞았다. 임씨의 티엔진총좌빙天津蔥抓餅천진총조병은 하루에 5000장이 나가는 대박집으로 거듭나며 전국각지에서 임씨네 총

天津蔥抓餅
榮獲九十一年度金字招牌獎

| 一份 | 25 | 火腿蛋 | 40 |
| 加蛋 | 30 | 起司蛋 | 40 |
| 九層塔加蛋 | 35 | 總匯 | 50 |

좌빙을 먹으러 몰려들었다. 심지어 〈뉴욕타임즈〉에서 '아시아에서 가장 맛있는 총좌빙 집'이라 소개되어 세계적인 유명세를 타면서 1년에 8억 정도를 벌어들이고 있다고 한다.

그렇다면 과연 티엔진총좌빙의 맛은 어떨까? 사실 앞서 소개한 린총좌빙과 티엔진총좌빙을 비교하자면 총좌빙 자체는 린총좌빙의 압승이다. 쫄깃한 식감의 린총좌빙은 그 어느 총좌빙 집과 견주어도 압도적이기 때문이다. 허나 티엔진총좌빙의 유명세 중심에는 바질을 올린 져우청타총좌빙九層塔蔥抓餅<sup>구층탑총조병</sup>이 있다. 져우청타총좌빙은 달걀의 고소함과 더불어 바질의 강한 양이 잘 어우러져 아주 독특한 맛을 낸다. 물론 그게 긍정적인 맛일 수도, 부정적인 맛일 수도 있겠지만 기본적으로 향신료에 대해 거부감이 없는 사람이라면 아주 맛있게 한 판을 해치울 수 있다. 바질총좌빙이 입맛에 맞지 않는다면 치즈와 햄이 들어간 모듬 총좌빙 종회이총좌빙總匯蔥抓餅<sup>총회총조병</sup> 역시 시켜볼만한 메뉴다.

티엔진총좌빙은 타이베이의 가로수길이라 불리는 용캉지에永康街<sup>영강가</sup> 한복판에 있다. 트렌디한 숍 사이, 허름한 한평짜리 호떡집 같은 곳에 사람들이 길게 줄 서있다면 틀림없이 이 집일 것이다. 용캉지에에 가면 임씨 아저씨의 스토리를 기억하며 인생역전 총좌빙을 먹어보자. 운이 좋으면 총좌빙을 신발처럼 깎아내는 임씨 아저씨의 현란한 손놀림을 직접 볼 수 있을지도 모르겠다.

약밥 같은 약밥 아닌 쫑즈

# 왕찌푸청러우쫑

## 王記府城肉粽
### 왕 기 부 성 육 종

### INFO
―――――――――
**ADD** 台北市萬華區西寧南路84號
**TIME** 10:00～03:00
**HOW TO GO**
시먼西門 역 1번 출구 도보 3분
**Google Map**
25.042370, 121.505840

옛날 우리 선조들이 단오날에 수리취떡을 쪄서 나눠 먹었듯, 매년 단오날에 중국사람들이 나눠먹는 음식 이 있다. 바로 쫑즈粽子쫑자다. 쫑즈는 대나무 잎사귀 안에 찹쌀과 함께 돼지고기, 견과류, 달걀노른자 등 기호에 맞게 알차게 채워넣는데 흡사 우리의 약밥과 같다. 쫑즈는 꽤나 손이 많이 가는 음식이지만 지금 까지도 대만사람들은 이 전통을 지켜가며 단오날마다 쫑즈를 이웃끼리 나눠먹는다. 이런 쫑즈 전문점이 바 로 왕찌푸청러우쫑王記府城肉粽왕기부성육종이다.

겉보기에는 허름하나 쫑즈를 만드는 솜씨와 내공이 상당한 집이다. 일단 내용물부터 매우 튼실하다. 찰밥 안에 표고버섯과 돼지살코기, 달걀노른자, 묵, 땅콩, 견과류를 함께 넣었다. 너무 다양한 재료가 섞여있어 맛이 따로 놀 것 같지만 재료의 향이 찰밥에 배어 자 연스럽게 맛의 조화를 이룬다. 만약 간이 심심하다 싶 으면 같이 끼얹은 간장소스와 비벼먹으면 그 맛 역시 기가 막힌데, 거기에 고소함을 더하고 싶다면 비치되 어 있는 땅콩가루를 뿌려 먹으면 된다.

겉보기에는 그냥 삼각김밥 같지만 밥알의 밀도도 높 고 안의 내용물도 튼실해 하나만 먹어도 꽤 든든하다. 단오날이 아니라도 중국 전통음식 쫑즈를 맛보고 싶 다면 단연코 이 집을 추천한다.

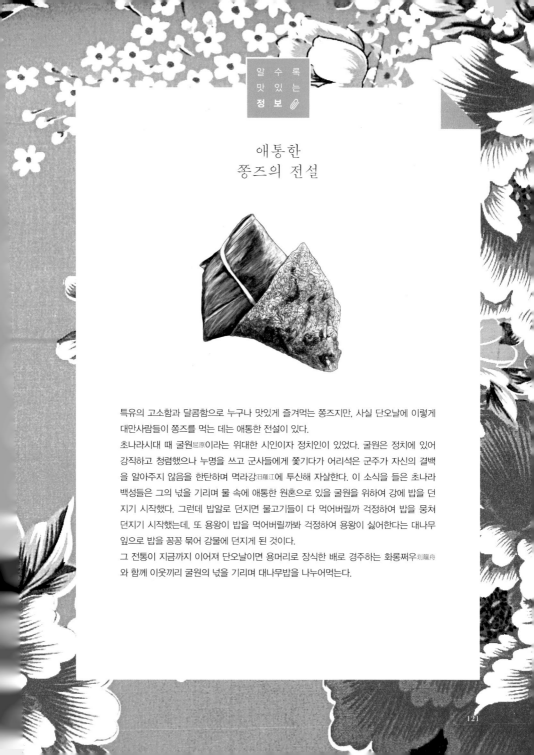

# 애통한
# 쫑즈의 전설

특유의 고소함과 달콤함으로 누구나 맛있게 즐겨먹는 쫑즈지만, 사실 단오날에 이렇게 대만사람들이 쫑즈를 먹는 데는 애통한 전설이 있다.

초나라시대 때 굴원屈原이라는 위대한 시인이자 정치인이 있었다. 굴원은 정치에 있어 강직하고 청렴했으나 누명을 쓰고 군사들에게 쫓기다가 어리석은 군주가 자신의 결백을 알아주지 않음을 한탄하며 멱라강汨羅江에 투신해 자살한다. 이 소식을 들은 초나라 백성들은 그의 넋을 기리며 물 속에 애통한 원혼으로 있을 굴원을 위하여 강에 밥을 던지기 시작했다. 그런데 밥알로 던지면 물고기들이 다 먹어버릴까 걱정하여 밥을 뭉쳐 던지기 시작했는데, 또 용왕이 밥을 먹어버릴까봐 걱정하여 용왕이 싫어한다는 대나무 잎으로 밥을 꽁꽁 묶어 강물에 던지게 된 것이다.

그 전통이 지금까지 이어져 단오날이면 용머리로 장식한 배로 경주하는 화롱쩌우划龍舟와 함께 이웃끼리 굴원의 넋을 기리며 대나무밥을 나누어먹는다.

## 세상 어디에도 없는 고기만두

# 푸저우웬주
# 후쟈오빙

福州元祖胡椒餅
복 주 원 조 호 초 병

### INFO

**ADD** 台北市萬華區和平西路
三段109巷5號
**TIME** 09:30～19:00
**HOW TO GO**
롱산스龍山寺 역 1번 출구 도보 2분
**Google Map**
25.035483, 121.500688

으슥한 골목으로 들어가야 하기 때문에,
과연 이곳에 맛집이 있을까 의문이 든다.
그러나 무조건 이 간판을 믿고 따라가자.

대만 가이드북 사진에 꼭 등장하는 장면이 무엇일까? 대만의 아름다운 풍경도 많지만 커다란 화덕에 만두가 다닥다닥 붙어있는 광경 역시 반드시 들어가는 사진 가운데 하나다. 실제 야시장을 가보더라도 커다란 통화덕 안에 만두를 다닥다닥 붙여 기다란 막대로 만두를 떼어내는 장면은 대만 야식사진의 하이라이트이자 한국 관광객에게 자동으로 카메라 셔터를 누르게 하는 장면이 아닐 수 없다. 보통 군만두와 다르게 화덕만두는 무쇠솥에서 피자처럼 구워 바닥이 노릇하고 바삭하면서도 안의 육즙이 그대로 부드럽게 살아있어 맛 또한 환상적이다.

화덕만두의 본래 이름은 후쟈오빙胡椒餅호초병으로 한자 그대로 읽으면 호초병이다. 보통 한국사람은 라오허지에饒河街요허가 야시장의 화덕만두를 많이 먹는데 사실 화덕만두의 진정한 맛집은 관광객이 즐겨찾는 용산사 근처에 있다. 그러나 이곳을 찾을 생각을 쉽게 못하는 이유는 첫째, 너무나 생각지 못한 골목길에 있어서일 것이고, 둘째, 하루 500개 한정수량이 끝나면 아예 문을 닫아버리기 때문일 것이다. 말만 들어도 무시무시한 스펙의 이곳은 바로 푸저우웬주후쟈오빙福州元祖胡椒餅복주원조호초병, 그러니까 푸저우 지역의 원조 후쟈오빙이라는 이름을 갖고있다. '원조'라는 이름에 걸맞게 이 집의 후쟈오빙을 먹으면 다른 야시장의 후쟈오빙은 그저 편의점 만두가 되어버린다.

일단 돼지고기 클래스부터가 다르다. 다른 곳의 돼지고기가 잘게 다진 고기를 썼다면 여기는 돼지고기의 살코기 덩어리가 소의 절반을 차지한다. 그리고 나머지 절반을 파와 쏸차이로 가득 채우는데다가 만두의 빵이 다른 곳의 후쟈오빙보다 훨신 얇아 차마 만두라고 부르기가 미안하다. 그냥 얇은 과자로 겉을 두른 미트파이 같다고나 할까. 한입 베어물면 고기의 두툼한 육즙이 그대로 흘러나오면서 후추의 향이 확 퍼져 고기의 느끼함을 싹 잡아준다. 고기 마니아라면 이보다 더 사랑스러운 만두는 세계 어디에도 없을 거라 확신한다.

물론 이 기막힌 후쟈오빙을 먹기 위해서는 용산사의 골목을 샅샅이 훑을 각오와, 퉁명스러운 아주머니의 손놀림을 감내할 자신, 그리고 아침 일찍부터 움직이는 부지런함을 갖추어야 하지만, 이 가게는 그 고생을 충분히 감내할만한 곳이다.

깊은 화덕에 만두를 직접 손으로 붙여가며 실시간으로 구워낸다.

얇은 피에 돼지고기 살코기 덩어리가
꽉 차 있어 속이 튼실하다.

CHAPTER

-4-

대만식 안주와
가볍게 한잔

**수산시장에서의 근사한 만찬**

# 상인웨이창
## 上引水産
### 상 인 수 산

### INFO

**ADD** 台北市中山區民族東路410巷2弄18號
**TIME** 06:00~24:00
**HOW TO GO**
싱티엔꿍行天宮 역 3번 출구 도보 15분
**Google Map**
25.066704, 121.537011

중국 관광객이 우리나라에서 많이 찾는 핫플레이스 중 하나가 노량진수산시장이다. 우리에게는 평범한 대형 수산시장이지만 중국인에게는 넓은 공간에서 갖가지 생선을 고르고 또 그것을 상대적으로 저렴한 가격에 먹을 수 있다는 점이 매력적이기 때문이란다.
타이베이에도 이런 노량진수산시장 같은 곳이 있다. 그러나 우리의 노량진수산시장과 비슷할 것이라고 생각하면 안 된다. 노량진수산시장은 어둡고 허름해 비교적 젊은 사람들이 찾지 않는 장소인데 반해 타이베이의 수산시장은 청결함과 모던함이 메인 콘셉트다. 그래서 여행 때 한번쯤 들러봄직한 굉장히 매력적인 장소 중 하나다.

테이크아웃해서 먹을 수 있는
해산물 안주

일단 이곳의 시스템은 노량진수산시장과 비슷하다. 수조 속의 거대한 랍스터나 킹크랩을 직접 고르면 레스토랑에서 요리해준다. 그러나 노량진수산시장과 다른 점이 있다면 이곳은 생물고기보다 패류나 갑각류 위주고 레스토랑은 노량진의 그것보다 많이 고급스럽다.

물론 시간이나 자금 여유가 있다면 크랩을 골라 윗층 레스토랑에서 즐기면 되지만, 사실 이곳의 진정한 묘미는 바로 입식 테이크아웃에 있다. 상인웨이창上引水産상인수산이 수산물시장이라기보다는 수산물백화점 같은 느낌을 주는 것은, 물론 깔끔한 인테리어도 한몫하겠지만, 싱싱한 해산물뿐 아니라 조리된 해물요리, 해산물과 어울리는 안주과일, 치즈 등과 역시나 해산물과 어울리는 술사케, 맥주, 와인도 판매하기 때문이다. 그래서 각자 취향에 맞는 음식을 쇼핑한 다음 밖에 마련되어 있는 입식 테이블에서 자신이 쇼핑한 안주와 술을 먹는다. 한마디로 서서갈비가 아니라 서서해산물인 셈이다.

처음에는 이렇게 사온 해산물과 안주를 서서 먹게 만든 시스템이 낯설지만 먹다보면 마치 유럽의 근사한 펍에 온 듯한 느낌에 젖는다. 그런데 이곳은 콘셉트만 재밌는 게 아니다. 해산물 산지와 직거래를 하기 때문에 해산물의 질 역시 매우 신선하다. 연어, 참치 사시미 등의 횟감은 두껍고 큼직하고 퀄리티 역시 좋다. 또 꽁치, 밀크피쉬동남아에서 잡히는 담백한 맛의 흰살생선 등 생선구이는 곱게 은박지에 포장되어 있고 생선을 잘게 다진 솥밥, 도시락 등 식사가 될 만한 요리도 판매하고 있으니 한 끼 식사로도 손색이 없다. 특히 느지막한 저녁에 가면 떨이로 남은 해산물을 거의 반값에 세일하니 때만 잘 맞춰가면 간단한 야식이나 소소한 2차 술자리를 저렴하게 해결하기에도 괜찮다.

깔끔한 수산시장을 구경하는 묘미와 더불어 합리적인 가격으로 다양한 해산물을 맛볼 수 있는 상인웨이창. 대만에 가면 한번쯤 들러봄직한 핫플레이스다.

상인웨이창은 일식에서 출발한 업체, 미츠이 푸드가 야심차게 내놓은 푸드마켓이다. 미츠이 푸드는 기존 수산시장의 불결하고 더러운 이미지를 싹 걷어내고 모던하면서 깔끔한 수산시장을 콘셉트로 전면 개편했다. 그 이후 청결해지고 아름다워진 수산시장에 매료된 쇼핑객이 다시 찾기 시작했다. 몰락해가는 수산시장의 화려한 재기인 셈이다.

鯖魚鹽燒

250元/貫

중국 객잔에서의 한잔

# 롱먼커지엔 쟈오즈관
龍門客棧餃子館
용 문 객 잔 교 자 관

## INFO

**ADD** 台北市林森南路61巷19號
**TIME** 17:00~00:00
(둘째주 월요일, 넷째주 토요일 휴무)
**HOW TO GO**
산다오스善導寺 역 3번 출구 도보 10분
**Google Map**
25.039693, 121.522963

대만의 전통과 멋을 적당히 풍기면서 안주 가격은 합리적인 술집을 찾는다면, 바로 롱먼커지엔쟈오즈관龍門客棧餃子館용문객잔교자관이다. 롱먼커지엔쟈오즈관은 '용문객잔교자관'이라는 뜻으로 이름에서 풍기는 분위기처럼 옛날 중국 무협영화에서나 볼법한 전통객잔의 모습을 갖추고 있다.

롱먼커지엔쟈오즈관은 창업한 지 40년이 넘었다. 그래서 이 레스토랑에 들어서면 마치 타임머신을 타고 40년 전 대만으로 넘어간 듯하다. 고풍스러운 붓글씨의 현판과 멋스러운 산수화가 곳곳에 걸려있는 롱먼커지엔쟈오즈관은 40년 전 대만의 모습을 그대로 간직하고 있다. 테이블에 자리잡은 사람들 역시 관광객이 아니라 단골인 듯한 현지인으로 채워져 있어 이곳이 꽤 유서 깊은 맛집임을 알 수 있다. 그리고 입구 쪽에서는 한눈에 보기에도 포스 넘치는 아주머니가 중

고기 등의 루웨이를 즉석에서 썰어주는 아주머니. 손님이 원하는 것을 말하면 즉석에서 골라 담아준다.

국식 칼로 탁탁탁, 온갖 안주를 써는 모습을 볼 수 있는데 그 무심하면서도 여유로운 칼질에서 이 집의 역사를 어렴풋이 짐작한다.

롱먼커지엔쟈오즈관의 시그니처 메뉴는 바로 이름에서도 알 수 있듯 교자餃子인데, 그중에서도 물만두 쉐이쟈오水餃수교, 특히 중국 북방식 물만두다. 그래서 이 집의 물만두는 만두피가 두껍고 소가 적어서 한국식의 피가 얇고 속이 꽉 찬 물만두에 익숙한 사람이라면 꽤 실망스러울 수도 있다. 그러나 이 만두는 옆에 있는 고추기름에 찍어먹었을 때 그 참맛을 느낄 수 있다. 약간 매콤하면서도 알싸한 산초 향을 가진 고추기름이 심심할 수 있는 물만두의 텁텁함을 풍부하게 만들어주기 때문이다. 그러니 물만두는 간장이 아니라 꼭 붉은색 고추기름!

그런데 다른 사람들이 시키는 메뉴를 가만히 살펴보면 만두가 아니라 간장에 조린 족발처럼 보이는 음식인데, 바로 루웨이滷味노미, 즉 대

피가 두껍고 소가 적은 북방식 물만두. 우리나라의 만두와 다르게 대만의 물만두는 밀가루 피가 두껍고 포만감이 있어 밥이나 국수 대용으로 먹기 좋다.

물만두에 찍어먹으면 좋은 고추기름 양념

**루웨이 메뉴판을 읽어보자**

海帶하이따이미역, 滷蛋루딴삶은달걀,
甜不辣티엔부라덴푸라, 豆干또우깐반건조두부,
豆皮또우피얇은두부껍질, 花生화성땅콩,
小黃瓜시오황과매운 오이무침
竹筍주수언죽순, 牛肉너우러우소고기,
牛肚녀우뚜소내장, 豬腳쭈자오돼지족발,
豬肚쭈뚜돼지내장, 豬耳朵쭈얼둬돼지귀,
豬頭皮쭈터우피돼지머릿고기,
雞腿찌퇴이닭다리

만식 간장조림이다. 루웨이는 돼지족발, 돼지귀, 돼지머릿고기, 소고기, 닭다리, 죽순, 두부, 달걀 등을 썰어 간장소스에 담근 요리다. 이 간장소스에 들어가는 재료는 각자 취향껏 고를 수 있는데 가장 인기가 많은 재료는 바로 돼지족발, 쭈쟈오豬腳저각다. 식감은 매우 쫄깃하고 부드러워 한 번 맛보면 젓가락이 멈추지 않는 묘한 매력이 있다. 그 외에 한국사람이 가장 무난하게 먹을 수 있는 것은 아마 달걀과 두부 정도일 텐데, 특히 두부는 단단한 중국식 두부라 식감이 쫄깃하다. 하지만 의외로 궁합이 잘 맞는 음식이 있는데 오이다. 고춧가루에 버무린 오이는 우리나라 오이소박이처럼 매콤해 자칫 느끼할 수 있는 루웨이의 기름기를 삭 잡아주기 때문에 기본적으로 〈돼지족발+(본

달걀과 두부, 오이가 들어간
돼지족발, 쭈쟈오

달걀탕, 뉴러우딴화탕(牛肉蛋花湯)

인의 취향에 맞는 고기)+달걀+두부+오이〉 콤보로 맛보기를 추천한다.

롱먼커지엔쟈오즈관의 안주는 짭잘해서 어떤 술과 먹어도 잘 어울린다. 독한 고량주와 먹기에도 좋고 시원한 타이완맥주와 곁들여도 딱이다. 안타깝게도 술을 마시지 못한다면 특별히 추천하는 음료가 있으니 바로 산메이탕酸梅湯산메이탕이다. 산메이탕은 중국식 매실차의 한 종류로 매실이 소화를 도와주기 때문에 돼지고기와 궁합이 좋다. 이 집에서는 베이징첸룽산메이탕北京乾隆酸梅湯북경건룡산매탕을 페트병 째로 주는데 처음에는 매실 맛이 향긋하고 마지막에는 한약 맛이 알싸하다. 한국에는 없는 특이한 매실차니 술 대신 마셔보는 것도 좋겠다.

즐겁지만 고단하기도 한 여행의 어떤 하루, 그 일정을 마치며 용문객잔교자관에서 물만두와 루웨이를 먹으며 시원한 타이완맥주 한잔과 산메이탕을 곁들여보자. 소박하면서도 고풍스러운 타이베이의 정서도 함께 느끼는 충분한 한 끼가 되리라 확신한다.

함께 먹으면
소화에 좋은 매실차, 산메이탕

무심해서 마음 편한 무명식당

# 우밍을번
# 랴오리띠엔

無名日本料理店
무 명 일 본 요 리 점

## INFO
————————

**ADD** 台北市萬華區昆明街127號
**TIME** 16:00~02:00
**HOW TO GO**
시먼西門 역 1번 출구 도보 3분
**Google Map**
25.041459, 121.504627

한국 시장거리를 돌아다니다보면 잔치국수나 우동, 짜장을 파는 허름한 포장마차가 즐비하다. 딱히 상호명이 붙어있지 않아 그냥 '길모퉁이 그 집' '신호등 건너편 그 집'이라는 식으로 불린다. 타이베이에도 이런 이름없는 집이 있다. 시먼띵 중심부에서 살짝 비껴난 대로변에 있는 이 일식집은 옛날부터 타이베이 사람들이 퇴근 후 삼삼오오 모여 회포를 풀던 장소. 물론 포장마차가 아니라 번듯한 2층짜리 건물이지만 주인이나 손님이나 이 집에 딱히 이름을 붙이지 않았다. 심지어 간판도 없다. 그래서 이 집의 이름은 '무명無名' 식당이다.

그런데 한국 포장마차와 다른 점은 술이 주종목이 아니라는 점이다. 한국에서는 소주를 마시기 위해 다른 잔치국수나 닭발 같은 안주를 곁들이는 반면, 이곳에서 도수 높은 고량주를 요구하면 아주 곤란한 표정으로 창고에서 뒤적뒤적 술을 찾아 내온다. 물론 맥주도 있지만 현지 사람들은 많아봐야 한두 병 정도로 여럿이 나눠 마신다. 그렇다면 대체 술도 안 마시는 이 나라 사람들은 이 야심한 밤에 이곳에 모여 무엇을 먹느냐.

바로 딴빠오판蛋包飯단포반, 우리가 익히 알고 있는 오므라이스다. 술을 즐기지 않는 대

간판 없이 길모퉁에 위치해 찾기가 어렵다.
사람들이 북적거리는 곳이 있으면 그곳이다.

살이 오동통하게 오른 오뎅.
꽌똥쭈

만사람들은 야심한 밤에 이 무명식당에 모여 다같이 딴빠 오판을 먹는다. 채썬고기, 양파와 케찹을 넣어 볶은 밥을 계란으로 덮은 다음 다시 케찹을 잔뜩 뿌린 딴빠오판은 이 집의 간판메뉴다. 물론 일식집이라는 타이틀을 내건만큼 오뎅과 회도 있다. 한국의 오뎅이 일반적으로 꼬치오뎅을 의미하는 데

사시미, 성위피엔(生魚片)

반해 대만의 오뎅 꽌똥쭈關東煮관동자는 다진 생선으로 만든 오뎅과 더불어 달걀, 두부, 유부주머니, 무우, 다시마 등을 함께 오랫동안 끓이고, 케찹과 간장을 섞은 것 같은 대만식 데미글라스소스를 뿌렸다. 겉보기에는 허름하지만 무는 생각보다 푸욱 잘 익었고 오뎅 역시 살이 통통하게 올라 먹어보면 '의외로 맛있다'는 생각이 번뜩 든다.

회 역시 두툼하고 신선해 나름대로 일식집으로서 선방은 한다. 그러나 전반적으로 회보다는 오뎅과 오므라이스를 먹는 분위기니 적당히 눈치껏 상황을 살펴보자.

그러나 이 집은 역사가 오래되고 현지인 단골이 많은 만큼 직원들의 서비스 마인드는 썩 훌륭하지 않다. 1층은 늘 만석이라 손님이 오면 2층으로 쫓아보내는데 2층에 자리가 없어도 어깨를 으쓱하는 식이다. 점원들도 무뚝뚝한 아저씨고 상냥한 미소란 눈곱만큼도 찾아볼 수 없고 주문을 받을 때 외에는 손님 곁에 얼씬도 하지 않는다. 허나 그렇기 때문에 직원들 눈치보지 않고 오므라이스 하나 시켜놓은 채 왁자하게 떠들기 좋은 마음 편한 장소다. 어쩌면 이름조차 없는 이 집의 무심함이 이 집을 다시 찾게 하는 중요한 이유일지도 모른다.

면이 푹 삶아진 야끼우동.
차오우롱미엔(炒烏龍麵)

흔치 않은 대만식 선술집

# 하오찌
# 단짜이미엔

好記擔仔麵

호 기 담 자 면

## INFO

**ADD** 台北市中山區吉林路79號
**TIME** 11:30〜03:00
**HOW TO GO**
쏭지앙난찡宋江南京 역 8번 출구
도보 10분
**Google Map**
25.055182, 121.530249

손바닥만하게 작은 단짜이미엔

대만에는 술집이 드물다. 스트레스를 야식으로 푸는 민족성 탓(?)인 건지 새벽까지 하는 술집은 더더욱 드물고 간혹 있더라도 일본식 이자카야가 대부분이라 대만 전통음식을 곁들이며 술 한잔하기 위해서는 동네를 한바퀴 돌아도 찾을까 말까다. 이때 몇 없는 대만의 술집 가운데 반가운 술집이 바로 하오찌단짜이미엔好記擔仔麵호기담자면이다.

하오찌단짜이미엔은 '추억의 술집'이 콘셉트다. 그래서 인테리어를 보면 대만의 근대향수를 자극하는 포스터와 소품이 즐비해서 대만식의 아기자기한 디자인을 구경하는 것 역시 꽤 재미있다.

메뉴 역시 대만의 추억의 음식이다. 섬나라답게 주로 해산물 음식이 많은데 점포 앞에는 그날그날 만들어 전시해놓은 샘플메뉴가 가득하니 가장 먹음직스러워 보이는 걸 골라서 주문할 수 있다.

그런데 사실 해산물이 가득한 이 집의 대표메뉴는 의외로 단짜이미엔擔仔麵담자면이라는 소박한 면요리다. 손바닥만한 작은 그릇에 퍼주는 미니 국수인데 하루에 많으면 2000 그릇이나 나간다니 대표메뉴가 맞긴 맞다. 사실 첫맛은 그리 특별하진 않다. 새우껍질과 돼지뼈로 우린 육수에 얇은 면을 풀고 조린 돼지고기와 새우 한점을 올린 게 끝이다. 어딘가 새우탕면 맛이 나면서도 돼지 특유의 누린내도 나는 게 독특하다. 그러나 한 그릇을 뚝딱 해치우고 나면 어쩐지 아쉽다. 시원하면서도 담박한 맛이 계속 생각난다. 가

전통을 고풍스럽게 살린 내부 인테리어. 서로 다른 느낌의 공간이 두 곳으로 나뉘어져 있으니 취향에 맞는 공간에 앉으면 된다.

격도 저렴하니 1인 1그릇해도 아깝지 않을 맛이다.

이 집에서 추천하는 또다른 넘버원 메뉴는 바로 간단한 두부요리 하오찌또우푸好記豆腐호기두부다. 겉보기에는 평범한 두부지만 먹어보면 마치 푸딩 같다. 일본식 달걀찜처럼 아주 보들보들하고 고소해서 후루룩 넘어가는 메뉴다. 간단하지만 왜 이 두부가 이 집의 넘버원 메뉴인지를 새삼 깨닫는다.

그러나 이 정도로는 딱히 밥이 되지 않을 것이다. 간단히 술 한잔을 곁들이는 정도라면 두부와 국수로도 족하지만 만약 배가 고프다면 꽃게찜밥인 홍쉰미까오紅蟳米糕홍심미고와 기름에 볶은 공심채, 콩신차이空心菜공심채도 추천한다. 홍쉰미까오는 약밥 위에 찐 게를 올려놓은 것인데 약밥의 향이 확 느껴진다. 보통 한국에서는 대추 등을 올리는데 해산물이 풍부한 대만에서는 꽃게를 올린다. 물론 게의 살이 그리 실하지는 않지만 게딱지에 약밥을 비벼먹어도 이색적이다. 콩신차이는 대만에서 흔히 먹는 채소요리 가운데 하나인데 졸인 고기를 함께 기름에 볶은 요리다. 센 불에 볶아 채소의 아삭함이 살아있으면서도 짭짤한 게 술안주로 딱이다.

콩신차이

새우와 돼지고기 토핑이 들어간
단짜이미엔

하지만 대만의 대표적인 술안주를 먹고 싶다면 조금 비싸더라도 우위즈烏魚子오어자를 먹어보자. 우위즈는 우리나라에서도 굉장히 귀한 숭어알을 말려 만든 절인 생선알인데 심지어 이 절임을 만드는 장인이 있을 정도로 만들기가 굉장히 까다롭다. 그러나 대만에서는 한국보다는 비교적 저렴한 가격에 숭어알을 구입할 수 있고 숭어알을 고량주에 살짝 구워 술안주로 먹기도 한다. 사실 식감은 우리나라의 명란젓을 딱딱하게 굳힌 것과 비슷한데, 명란젓보다 훨씬 고소하고 짭짤하고 알의 향미가 강해 조금씩 떼어서 먹어야 한다. 마치 와인의 치즈와 같은 느낌이랄까. 그래서 우위즈는 독한 중국술의 최고 안주이기도 하다. 여기에서도 우위즈를 맛볼 수 있는데 매우 작은 양이 얇게 슬라이스되어 나온다. 고량주와도 잘 어울리지만 알싸한 타이완맥주와도 찰떡궁합이다.

여기는 조금은 허름하지만 대만식 추억의 술안주를 파는 덕에 관광객보다는 대만 현지인, 특히 대만 노인들이 즐겨 찾는 곳이다. 대만에 몇 없는 대만식 선술집을 경험하고 싶다면 하오찌단짜이미엔은 괜찮은 선택이다.

숭어알을 짭쪼름하게 절여
술안주로 좋은 우위즈

# 비싸고 귀한 몸
# 숭어알, 우위즈

우위즈는 일반적으로 말린 숭어의 알을 뜻한다. 숭어는 중국 본토 해안에서 서식하다가, 산란기인 동절기에 따뜻한 물을 따라 대만 서부로 와서 알을 낳는다. 그리고 어부들은 이 알을 채집해 소금에 절인 다음 무거운 것으로 눌러 알을 평평하게 만들어 소금과 물기를 제거한다. 그리고 햇볕에 10일 정도 건조시켜 우위즈를 만든다.

우위즈는 만들기가 매우 까다롭고 양도 적어 비싸며, 우리나라에도 만드는 장인이 얼마 없어 매우 귀하게 취급된다. 그러나 대만 등지에서는 우리나라보다는 비교적 저렴한 가격에 숭어알을 맛볼 수 있기 때문에 마트에서 구입하거나 술집에서 안주로 먹어보기를 권한다.

우위즈는 중국술에 살짝 구워서 먹는 것만으로도 훌륭한 요리가 되나 볶음밥이나 샐러드 위에 올리는 토핑으로도 활용할 수 있다. 기본적으로 우위즈는 향미가 매우 강해 복잡한 요리의 재료로 사용하기보다는 그 자체로 풍미를 즐기는 것이 좋다.

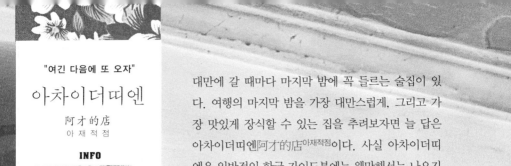

대만에 갈 때마다 마지막 밤에 꼭 들르는 술집이 있다. 여행의 마지막 밤을 가장 대만스럽게, 그리고 가장 맛있게 장식할 수 있는 집을 추려보자면 늘 답은 아차이더띠엔阿才的店아재적점이다. 사실 아차이더띠엔은 일반적인 한국 가이드북에는 웬만해서는 나오지 않는 곳이다. 타이베이에는 술집 자체가 귀하기도 하고, 시내 한구석에 있어 찾기도 쉽지 않기 때문이다. 심지어 간판이나 외관 역시 수풀에 가려져 늘 찾아가면서도 긴가민가한다. 그러나 이 집의 문을 연 순간부터 1970년대 타이베이로의 시간여행이 시작된다. 낡은 나무문을 끼익, 열고 들어서면 복고풍의 인테리어가 눈에 들어온다. 녹슨 선풍기, 끝자락이 헤진 포스

터. 오래전 유행한 듯한 축음기 등 소품 하나하나가 1970년대에 머물러 있다.

이곳의 이색적인 인테리어 하나하나에 감탄하며 눈여겨보다보면 아주머니가 주문이나 하라며 툭 메뉴판을 던진다. 사실 이 집에 단골로 드나든 지는 꽤 오래되었는데 아주머니의 웃는 낯은 볼 수 없고 언제나 불친절하게 손님을 대한다. 따라서 아주머니의 심기를 거스르지 않고 빠릿빠릿하게 주문하는 것 역시 이 집을 이용하는 또 하나의 팁이다. 그러나 아주머니의 무뚝뚝함을 잠시 감내해도 좋다. 그만큼 안주 맛이 끝내준다는 뜻이다. 사실 대만은 술문화가 발달되어 있지 않아 '안주'라고 할 만한 요리가 많지 않은데 이곳만큼은 술을 부르는 대만 전통 안주가 즐비하다. 심지어 맛도 있어서 먹다보면 술보다 요리로 배를 채우게 된다.

짜페이창

첫번째로 추천하는 메뉴는 짜페이창炸肥腸짜비장이다. 안에 파를 넣은 돼지막창을 바삭하게 튀겨 먹기 좋은 크기로 잘라낸 이 안주는 막창이나 곱창을 좋아하는 사람이라면 누구나 좋아할 요리다. 돼지막창이 기름기가 많아 다소 느끼할 수 있는데 안에 말려있는 파 덕분에 느끼함이 싹 잡힌다. 짭짤하게 간이 배어있고 막창의 식감이 쫄깃해 하나를 입에 넣는 순간 맥주 생각이 간절하다.

이때가 바로 '18일타이완맥주'를 시켜야 할 타이밍이다. 보통 대만 맥주라고 하면 망고맥주나 타이완맥주를 생각하지만, 18일타이완맥주가 대만맥주의 숨겨진 강자다. 탄산이 적당히 살아있으면서 목 넘김도 부드러워 한국사람에게 딱 맞는 맥주다. 18일타이완맥주란 딱 18일만 유통할 정도로 신선한 맥주라는 뜻인데, 실제 유통기한을 확인해도 18일을 넘지 않아 신뢰감이 간다.

짭짤한 짜페이창과 시원한 맥주를 들이키다보면 한국의 치맥이 부럽지 않다. 자, 그렇다면 프라이드치킨으로 시작한 다음에는 양념치킨으로 넘어가야 하는 법. 조금 매콤하면서 확 당기는 그런 안주가 없을까?

다음으로는 꿍바오피단宮保皮蛋궁보피단을 시켜보자. 꿍바오피단은 피단皮蛋오리알을 꿍바오 양념에 버무린 것이다. 오리알의 말캉한 식감과 튀김의 고소함, 그리고 얼얼한 매운소스의 조화가 압권인데, 한국에서 한 번도 경험해보지 못한 맛이라 더 매력적이다. 식감은 마치 순대를 매운 소스로 튀긴 것 같은데 사실 글로 표현하기 매우 어려운 맛이라 꼭 가서 먹어보기를 권한다. 그러나 이 메뉴는 치명적인 두 가지 단점이 있다. 하나는 오리알 특유의 쿰쿰한 향과 훠궈소스를 연상케 하는 강한 향신료 때문에 향에 민감한 사람이라면 칠색 팔색할 요리가 될 수도 있다. 그리고 다른 단점은 이 맛에 빠져들면 바로 중독되어 한국에 와서도 자꾸 이 메뉴가 어른거린다는 것이다. 한마디로 마약 같은 맛이다.

귀여운 타이완비어 트레이

사실 이 집은 이 두 메뉴를 시키는 것만으로도 충분히 대만식 전통 안주를 맛보았다고 할 수 있다. 물론 이 집에는 우리에게도 익숙한 마퍼또우푸麻婆豆腐<sup>마파두부</sup>와 위샹치에즈魚香茄子<sup>어향가지</sup>를 팔고 있다. 마퍼또우푸는 보들보들하면서도 두부에 소스가 잘 배어있어 뚝딱 밥을 비벼먹고 싶은 충동이 들고, 위샹치에즈

위샹치에즈

오리알을 양념에 버무린 꿍바오피단.
순대볶음 맛이 난다.

143

대만식 계란전, 차이푸딴

역시 가지가 푸욱 잘 익어 술안주로 호록호록 잘 넘어 간다. 만약 이 안주들이 조금 자극적이다 싶으면 재첩국인 찌앙스허리탕薑絲蛤蠣湯강사합려탕 역시 쉬어가는 타이밍의 안주로 좋다. 한국의 바지락국과도 비슷한데 샐러리를 넣어 좀 더 시원하고 화한 맛이 살아있다. 녹두빈대떡 같은 두툼한 달걀전 차이푸딴菜脯蛋채포단 역시 삼삼한 안주로 손색이 없다. 달걀을 동그랗게 부치고 그 위에 생바질잎을 넣어 향미가 묻어나는 달걀전은 자극적인 안주에 지쳤을 때 속을 달래주는 안주로 딱이다. 마치 우리나라의 달걀말이와 같은 위상이다.

이렇게 안주를 이것저것 시켜먹으며 18일타이완맥주를 '곁들이고' 나면 어느덧 배가 불러 도저히 움직이기조차 힘든 상태가 된다. 아쉽지만 오늘은 이 정도로 마무리하고 이제 숙소로 돌아가 내일 떠나기 위해 짐을 꾸려야 한다. 부른 배를 통통 두들기며 불친절한 아주머니에게 꾸벅 목례를 하고 다시 나무문을 끼익 열며 항상 이렇게 말한다.

"여긴 다음에 또 오자."

이렇게 길고 긴 대만맛집여행이 막을 내린다.

찌앙스허리탕

알 수 록
맛 있 는
정 보

# 대만의 근현대사를
# 담고있는 맛집

오른쪽에
술을 따라주는 사람이
천수이볜이다.

아차이더띠엔은 안주가 맛있는 선술집으로 유명할뿐더러 대만의 역동적인 근대기를 함께한 역사적인 술집으로도 유명하다. 아차이더띠엔 인테리어의 배경이 된 1970년대 대만은 장제스의 아들인 장징궈가 집권하던 군사독재정부 시절이었다. 이때 장징궈 정부를 타도하고자 비밀스럽게 모였던 좌파들의 아지트가 바로 이 아차이더띠엔이다. 천수이볜 등을 주축으로 한 좌파세력은 아차이더띠엔에 모여 술잔을 기울이며 대만의 미래에 대해 열띤 토론을 펼쳤다. 그리고 2000년 3월 18일 총통 선거에서 민진당의 천수이볜이 당선되었다. 천수이볜은 대통령이 된 후에도 자신들의 비밀기지, 아차이더띠엔을 잊지 않고 종종 방문하며 고마움을 표했다.

잠깐, 그런데 여기서 한 가지 의문이 든다. 과연 아차이더띠엔의 무뚝뚝한 여주인은 천수이볜 대통령이 찾아왔을 때 어떤 표정을 지었을까? 아마 여전히 퉁명스럽게 메뉴판을 툭 내던지며 주문이나 하라고 했을지도 모르겠다.

비밀스러운 정원 안에 있는 듯
술집이 숨겨져 있어 찾아가기
다소 힘든 아차이더띠엔의 외관

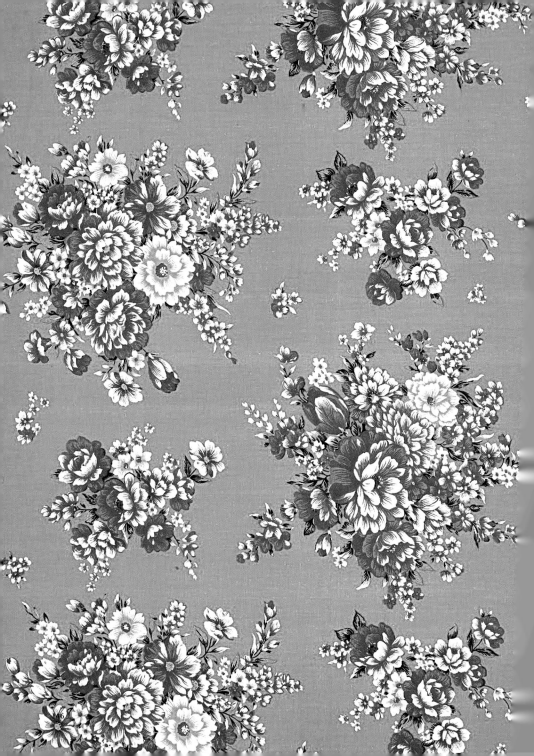

CHAPTER

- 5 -

달콤하고
이색적인 디저트

샤오파오푸

다화지에迪化街적화가 북쪽 입구에서 다화지에로 들어오다보면 어딘가 고풍스러운 외관의 점포가 눈에 띈다. 가까이 가보면 점포 앞에는 병과를 만드는 떡살과 종이가 놓여있는데 이 떡살에 종이를 올리고 크레용으로 문지르면 그럴싸한 크레용판화가 완성된다. 디자인 소품집인가 싶어 가게를 들여다보면 대만 전통과자를 파는 곳이다. 하지만 디자인숍이라 오해할 정도로 패키지 디자인이 아름답고 실내 역시 고풍스럽다.

리팅샹빙푸李亭香餅舖이항정병포는 겉보기에는 최근에 생긴 과자가게 같지만, 1859년 개업한 굉장히 유서 깊은 과자가게다. 현재는 4대 삼형제와 5대 작은주인이 운영하는데 아직까지도 전통방법대로 과자를 만드는 것으로 유명하다. 그래서 다른 전통과자가게들이 기계로 과자 반죽을 만들지만, 이 집은 아직까지도 수제로 만든다. 물론 최근에는 서양의 마카롱 같은 과자를 현지화해 만들기도 하지만 이곳에서는 여전히 손으로 만드는 방식을 고집하고 있다.

샤오파오푸의 예쁜 패키지

148

전통병과 뤼떠우까오

그중 이 집의 인기상품인 대만식 마카롱, 샤오파오
푸小泡芙소포부는 대만 매스컴에 가장 많이 보도되는
과자다. 패키지 비닐에 눈코입이 콕콕 박힌 샤오파오
푸는 보기만 해도 너무 깜찍해 슬며시 웃음이 나온다. 부드러운 카스텔라 같은 식감 안
에 버터크림을 꾸덕하게 넣어 맛 자체는 마카롱이 아니라 다쿠아즈와 유사하다. 적당히
달달하고 촉촉해 여자들에게 선물하기에도 딱 좋은 아이템이다.

그러나 이곳에 왔으면 일단 전통과자 하나쯤은 먹어봐야 한다. 사실 대만식 마카롱이라
불리는 샤오파오푸는 최근에 뜬 아이템이고, 이곳의 진정한 시그니처 메뉴는 바로 녹두
로 만든 전통병과 뤼떠우까오綠豆糕녹두고다. 특히 사각패키지에 담긴 과자는 마치 콩가
루를 굳힌 것처럼 콩가루가 잔뜩 묻어있는 벽돌 형태 과자로 담백하고 고소한 맛이 일
품이다. 그러나 콩가루 특유의 퍽퍽한 식감 때문에 호불호가 갈린다.

거북이 모양의 과자 핑안꿰이平安龜평안귀 역시 특이한 아이템이다.
거북이는 장수를 상징하는 동물이라 전통과자를 파는 리팅샹의
인기 있는 과자 모양 중 하나다. 비닐을 뜯어보면 귀여운 거북
이 미니어처가 빼꼼 나타나는데 겉에는 설탕물을 발라 등껍질
이 반질반질하다. 다소 잔인하지만 거북이를 한입 베어물면
흑임자소가 같이 씹히는데 그 덕에 달달하지만 건강한 맛이
가득 배어온다. 어르신에게 선물로 드려도 좋아할 과자다.

실제 리팅샹은 관광객뿐 아니라 대만 현지인에게도 선물
로 인기가 많은 집이다. 설이나 단오 등 명절 때는 전

거북이 모양의 과자, 핑안꿰이

149

안에 흑임자소가 들어있는 핑안삐이

리팅샹이라는 문자에 떡살을 칠해보자

국각지에서 주문이 밀려오는데 주로 사찰에 봉헌하기 위한 다과 용도가 대부분이다. 그래서 이 시기에 리팅샹빙푸에 가면 봉헌을 위해 만들어진 으리으리한 모양의 다과가 심심치 않게 보이는데 흡사 과자로 만든 설치예술품 같다.

보기만 해도 눈이 황홀해지는 리팅샹빙푸에서 이것저것 과자 구경을 한 다음, 나갈 때는 점포 앞에 있는 리팅샹이라는 문자가 적힌 떡살을 종이 위에 곱게 칠해보자. 이곳에 발걸음해준 당신을 위한 리팅샹빙푸의 소중한 기념선물이 될 것이다.

츠츠칸吃吃看흘흘간은 대만에서 치즈케이크로 가장 유명한 베이커리다. 사실 대만맛집으로 치즈케이크 집을 꼽아 의아해 할 사람이 분명 있을 것이다. 유럽도 일본도 아닌 대만에서 웬 치즈케이크? 하지만 츠츠칸은 대만사람들에게 꽤나 유명한 치즈케이크 집이다. 일단 타이베이에 처음 만들어진 치즈케이크 집 중 하나이기도 하고 아직도 그 맛이 변치 않아 대만사람에게 추억을 불러일으키는 맛이기 때문이다.

이 집의 치즈케이크는 우리가 먹던 케이크와는 묘하게 다른 맛이다. 어쩌면 츠츠칸의 치즈케이크는 '별나다'는 표현이 적절할 수도 있겠다. 보통 치즈케이크가 부드러운 필라델피아 크림치즈 특유의 새콤함과 달달함을 갖고있다면, 여기는 에멘탈치즈와 같은 담백하고 단단한 치즈 맛이다. 그래서 본연의 치즈 맛에 더 가깝고 더욱 소박한 맛이다. 케이크의 시트는 다른 치즈케이크보다 상대적으로 바삭해 꾸덕한 치즈 식감과 조화를 이룬다.

사실 바쁜 여행객이 굳이 없는 시간을 쪼개 여기까지 와서 치즈케이크를 먹어볼 필요는 없다. 한국의 유명한 치즈케이크와 맛이 다르기는 해도 딱히 이 치즈케이크가 더 맛있다고 추천하기는 애매하기 때문이다. 그러나 만약 당신이 치즈케이크 마니아라면 한 번은 들려볼 만한 집이다. 담백하고 정직한 치즈 맛의 츠츠칸 치즈케이크는 어디서도 먹어보지 못한 독특한 맛이기 때문이다.

대만에만 있는 치즈케이크

## 츠츠칸
吃吃看
흘 흘 간

### INFO

**ADD** 台北市士林區
中山北路六段770號
**TIME** 09:00~21:00
**HOW TO GO**
밍더明德 역 1번 출구 도보 25분
**Google Map**
25.116152, 121.528590

위엔웨이치스딴까오(原味起司蛋糕)

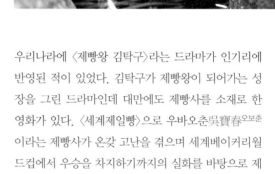

대만 최고의 빵집

# 우바오춘
# 마이팡띠엔

吳寶春麥方店
오 보 춘 맥 방 점

## INFO

**ADD** 台北市信義區菸廠路88號B2
**TIME** 11:00~22:00
**HOW TO GO**
궈푸찌니엔관國父紀念館 역
5번 출구 도보 15분
**Google Map**
25.044598, 121.561010

우바오춘의 일대기를 담은 책

우리나라에 〈제빵왕 김탁구〉라는 드라마가 인기리에 반영된 적이 있었다. 김탁구가 제빵왕이 되어가는 성장을 그린 드라마인데 대만에도 제빵사를 소재로 한 영화가 있다. 〈세계제일빵〉으로 우바오춘吳寶春오보춘이라는 제빵사가 온갖 고난을 겪으며 세계베이커리월드컵에서 우승을 차지하기까지의 실화를 바탕으로 제작되었다.

우바오춘은 가난한 집에서 태어나 12세에 아버지를 여의고 남의 밭에서 파인애플과 사탕수수를 따며 생계를 이어간 인물이다. 그리고 17세에 집을 나와 제빵을 배우기 시작했는데, 새벽 3시에 일어나 밤 9시까지 일하는 고된 제빵의 길에 들어섰다. 다른 직원들이 퇴근할 무렵 언제나 혼자서 남은 일을 마저 정리하고 제빵연습을 했다. 이렇게 실력을 쌓은 우바오춘은 몇 년 뒤 대만 중부 지역인 타이중台中의 3대빵집 중 한 곳에서 수석제빵사가 되었고, 차근차근 실력을 쌓아나갔다.

그러나 우바오춘이 세계적인 제빵사가 될 수 있었던 데에는 천

딴타

밍타이즈파궈미엔빠오

저우광페이웨인미엔빠오

씽런거쯔빠오

푸광陳撫光진무광이라는 베이커리 오너의 역할이 컸다. 천푸광은 부유한 집안에서 자라 매우 예민한 미각을 가지고 있었으며, 고급스러운 생활을 향유하던 사람이었다. 우바오춘은 이런 고급스러운 입맛을 가진 천푸광에게 빵을 배우기를 청했다. 우바오춘이 만든 빵을 맛보고는 쓰레기통에 버렸을 정도로 까다로웠던 천푸광은 우바오춘의 간절한 요청에 끝내 그를 키우기로 마음먹었다. 천푸광은 우바오춘의 미각을 끌어올리기 위해 전국 각지에 있는 산해진미와 시골이나 가판대에서 파는 밥 등 모든 종류의 음식을 가리지 않고 맛보게 했다. 뿐만 아니라 고급스러운 문화 취향을 위해 클래식이나 재즈를 듣게 하고 술 마시는 법을 알려주며 이탈리아나 일본의 제빵서적도 구해 공부를 시켰다. 이렇게 깊고 다양한 학습 중에 우바오춘은 미생물 관련 서적도 접하게 되는데, 이때 미생물과 빵반죽의 관계를 연구하기 시작했다. 그리고 3년간의 연구 끝에 미생물을 이용한 숙성에 성공하며 세계베이커리월드컵에서 크게 활약하게 된다.

이런 인간승리의 대명사 우바오춘이 만든 빵집이 있으니 우바오춘마이팡띠엔吳寶春麥方店오보춘맥방점이다. 빵집은 명성을 듣고 찾아오는 손님으로 인산인해를 이루며, 갖가지 종류의 빵이 나오자마자 눈 깜짝할 사이에 사라지는, 실로 어마어마한 인기다.

모든 빵이 고루 인기가 있지만 이 집의 넘버원은 바로 레드와인이 들어간 져우랑꿰이위엔미안빠오酒釀桂圓麵包주양계원면포다. 처음에는 고깃덩어리 같은 그 엄청난 크기에 한 번 놀라고, 먹었을 때 확 올라오는 와인 맛에 두 번 놀란다. 특히 안에는 마치 크랜베리나 건포도처럼 꿰이위엔桂圓계원이라는 과일이 콕콕 박혀 있는데, 일반적으로 한약재로 쓰이는 과일이라 달콤하면서도 조금은 씁쓸하다. 대체로 과일을 럼주에 졸인 맛이 강한데, 이처럼 맛이 강한 빵은 한국에서는 쉽게 먹어볼 수 없으니 일단은 이 빵부터 집어들기 바란다.

그리고 다음 순위권에 들어있는 빵은 명란젓바게트 밍타이즈파궈미엔빠오明太子法國麵包명태자법국면포와 아몬드 크로와상 씽런커쏭杏仁可頌가송이다. 보통 명란젓바게트는 바게트 윗쪽에만 명란젓을 살짝 바르는데 이곳은 바게트 속까지 명란이 가득 차 있어 매우 실하다. 크로와상 역시 맛있다. 아몬드가 박혀있는 크

명란젓바게트인 밍타이즈파궈미엔빠오

로와상 안에 꾸덕꾸덕한 커스터드크림이 들어있는데, 적당히 바삭한 크로와상과 부드러운 크림이 조화롭게 어우러진다.

에그타르트, 탄따

그러나 의외로 평이 가장 좋은 메뉴는 에그타르트 탄따蛋塔<sup>단탑</sup>다. 사실 에그 타르트는 이곳의 베스트 메뉴에 들지는 않지만 대만의 그 어떤 유명빵집의 에그타르트보다도 완성도가 높다. 이곳의 에그타르트는 냉장고에 보관해 차가운 상태에서 서빙되는데 에그타르트의 필링 부분이 푸딩처럼 탱글하고 달달하다. 특히 쉘 부분이 매우 촉촉하고 부드러운데 까슬한 설탕이 들어있어 맛이 훨씬 풍부하고, 크기도 매우 커서 여러 명이 나눠먹어도 좋을 완벽한 디저트다.

이처럼 우바오춘의 빵은 베스트 메뉴뿐 아니라 디저트 메뉴 역시 빠짐 없이 완벽하다. 대만에서 넘버원 빵집을 꼽으라면 주저 없이 우바오춘을 꼽는 게 바로 이런 이유다. 대만에 가기 전 미리 우바오춘에 관한 영화를 보고간다면 더욱 흥미로운 미식여행이 될 것이다.

이 집의 시그니처 메뉴인 레드와인과 과일이 들어간 저우랑페이위엔미안빠오

## 클래스가 다른 원조 버블티

# 춘수이당
### 春水堂
#### 춘 수 당

---

### INFO

**ADD** 台北市中正區中山南路21之1號
**TIME** 11:30～20:50
**HOW TO GO**
쫑쩡찌니엔탕中正紀念堂 역
5번 출구 도보 3분
**Google Map**
25.036756, 121.519044

대만의 명물 쩐쭈나이차珍珠奶茶진주내차는 한국에서도 버블티라는 이름으로 유명하다. 이미 한바탕 버블티 열풍이 불기도 했고 공차를 비롯한 버블티 전문매장도 한국에 속속 입점 중이다. 그러나 역시 원조 버블티의 맛을 따라잡을 수는 없는 법. 대만 원조 버블티와 한국 버블티는 확실히 클래스의 차이가 느껴진다. 당연히 대만에 가면 제일 먼저 그 원조의 맛을 느껴봐야 한다. 그런데 대만이 쩐쭈나이차의 원조라면, 대만에서도 쩐쭈나이차의 원조라 불리는 곳은 어디일까? 바로 이름도 로맨틱한 춘수이당春水堂춘수당이다. 쩐쭈나이차는 1987년, 춘수이당에서 밀크티에 버블을 넣는 획기적인(?) 발상으로 탄생했다. 원래는 춘수이당 안주인의 비밀 레시피였는데, 본격적으로 판매하자 순식간에 대만을 대표하는 차로 급부상했다고 한다.

타이베이에는 열 개가 넘는 춘수이당 매장이 있는데 개인적으로 중정기념당 지점을 추천한다. 기념관을 관람하고 돌아오는 길에 들려도 좋고, 타이베이의 청담동이라 불리는 용캉지에를 구경하고 소화도 시킬 겸 10분 정도 걷다가 들려서 마시기 딱 좋다.

그런데 춘수이당을 일반적으로 생각하는 가볍고 팬시

한 버블티 매장이라고 생각하면 안 된다. 이곳은
특이하게도 중국 송宋나라 시대 찻집을 콘셉트로
내세워 전통적이면서도 고풍스러운 분위기가 물
씬 풍긴다. 실제 춘수이당에는 꽃꽂이, 액자걸이
등의 소품 하나하나를 송나라 식으로 재현해놓아
춘수이당에서 버블티를 마시고 있으면 정말 타임
머신을 타고 중국 옛 시대로 여행 온 것 같은 착각에 빠진다. 심지어 송나라풍
의 고전음악까지 은은하게 흘러나와 '버블티 카페'가 아니라 '중국 전통찻집' 같
다는 느낌이 강하다. 그래서 춘수이당에서는 테이크아웃하기보다는 매장에
들어가 분위기를 즐기며 마시기를 권한다. 심지어 춘수이당 직원이 버블티
하나하나를 꼼꼼하고 정성스럽게 만드는 덕에 버블티를 받기까지 시간이
제법 걸려서 테이크아웃하려고 기다리는 시간이 무척 답답할 수도
있다.
그럼에도 춘수이당의 버블티는 충분히 그 기다림을 감내할만
하다. 식감은 다른 버블티 브랜드에서 느낄 수 없는 'Q함'쫀쫀함'
이라는 뜻의 대만유행어'을 갖고 있다. 춘수이당의 버블은 다른 곳보다
크기는 다소 작다. 그러나 다른 곳의 버블이 크기가 큰 대신 버블
내부는 살짝 딱딱한 반면, 춘수이당의 버블은 겉이나 속이나 모두
쫄깃해 버블 하나하나가 몰캉한 젤리를 씹는 기분이다. 그리고 다른 밀
크티 브랜드들이 커다란 각얼음을 넣어 어떤 부분은 차갑고 어떤 부분

춘수이당의 트레이드 마크. 쩐쭈나이차

157

은 미지근한데, 춘수이당은 잘게 간 얼음을 넣어 훨씬 더 시원하게 밀크티를 즐길 수 있다. 그리고 가장 중요한 밀크티의 맛 역시 다른 프랜차이즈 브랜드와 사뭇 다르다. 이곳의 밀크티를 맛보면 다른 프랜차이즈 밀크티들이 밍밍하게 느껴질 정도로 밀크티의 농도가 훨씬 진하고 고소하다. 차의 풍미 또한 강한 것이 밀크티분말이 아니라 품질 좋은 우유와 싱싱한 찻잎을 하나하나 정성스럽게 우려낸 것 같다. 다시금 춘수이당은 버블티 전문점이 아니라 우아한 찻집에 가깝다는 생각이 들게 된다. 이 맛있는 쩐쭈나이차를 만드는 방법이 궁금하다면 타이중의 몇몇 지점에서 쩐쭈나이차 교실도 운영한다니 여행 중 이색경험으로 체험해보는 것도 추천한다.

그런데 춘수이당에서는 버블티만 마시면 또 섭하다. 춘수이당에 처음 방문한 한국 관광객은 그 독특한 메뉴 구성에 적잖이 놀란다. 일반적으로 버블티 카페에 다양한 종류의 차와 젤리타로, 버블 등이 옵션으로 있다면, 춘수이당에서는 여러 종류의 버블티와 더불어 특이하게도 다양한 식사류가 준비되어 있기 때문이다. 식사류도 밥, 면, 간단한 반찬 등 종류가 많은데 정말로 현지 사람들이 버블티를 마시며 면요리를 후루룩 먹는 장면은 춘수이당에서만 볼 수 있는 이색적인 풍경이다. 요리 역시도 버블티 집에서 파는 것치고 의외로 훌륭하니 만약 식사 전이라면 버블티와 함께 세트메뉴도 시도해보기를 추천한다. 특히 중국식 소시지인 해이쭈러우샹창黑豬肉香腸흑저육향장은 중국 특유의 후추 향이 가미된 소시지인데 짭쪼름하면서도 쫀득한 게 버블티와 묘하게 조화를 이룬다. 또 건두부 짜오파이떠우깐招牌豆干초패두간은 두부를 단단하게 눌러 중국 간장으로 조린 요리다. 둘 다 소량으로 간단하게 나와 버블티와 함께 가볍게 맛보기 딱 좋다.

버블티의 원조 나라, 그리고 버블티의 원조라고 인정받는 카페에서 버블티를 마시는 것은 대만미식 여행의 첫번째 미션이다. 따라서 춘수이당만큼은 꼭 사전에 체크해 방문하자.

왼쪽은 중국간장으로 졸인 두부요리.
짜오파이떠우깐이고
오른쪽은 소시지 해이쭈러우샹창이다.

85℃는 커피와 케이크, 빵 등을 판매하는 대만의 대표적인 디저트 카페다. 대만 전역에 300여 개가 넘는 점포를 두고 있으며, 중국에는 그보다 더 많은 500개에 가까운 점포를, 홍콩과 미국, 호주에도 적지 않은 분점이 있는 거대 규모의 카페 체인이다.

이름이 85℃인 이유는 이 집에서 판매되는 커피의 온도가 85℃일 때 가장 맛있기 때문이란다. 커피에 대한 프라이드가 남다르니 85℃에서는 일단 커피를 마셔봐야 한다. 그런데 85℃에서 마셔봐야 할 커피는 아메리카노나 라떼가 아니라 바로 소금커피로 유명한 하이옌카페이海岩咖啡해연가빼다. 이름만 들어도 짭짤할 것 같은 이 하이옌카페이는 커피거품에 바다소금을 탄 커피로 마시면 마실수록 묘한 매력이 있는데, 하이옌카페이를 먹는 방법은 조금 복잡하다.

처음 서비스가 되었을 때는 뚜껑이 닫혀진 상태로 나오는데 이 상태에서 그냥 꿀꺽 마시면 생각보다 짠맛에 인상을 찡그리게 된다. 그러니 뚜껑을 열고 컵에 입을 대고 거품 밑의 커피만을 마신다는 느낌으로 커피를 들이킨다. 그러면 커피 특유의 달달함과 씁쓸함이 화악 느껴지는데 이때 잔에서 입을 떼고 입술에 묻은 흰 거품을 혀로 닦아 먹으면 소금커피 특유의 짠맛을 느낄 수 있다. 커피 한잔 마시는데 꽤나 복잡한 과정을 거치는 것이 귀찮기도 하지만 한번쯤 먹어보면 좋은 이색 커피다.

참고로 하이옌카페이를 먹다보면 얼음이 녹아 짠맛이 중화되어 나중에는 더 맛있는 소금커피가 완성되니 급하게 들이키지 말고 천천히 시간을 두고 마시자.

달콤 씁쓸 짭짤, 소금커피

# 85℃
85度C
85도C

## INFO

**ADD** 台北市萬華區漢中街15號
**TIME** 07:00~00:00
**HOW TO GO**
시먼西門 역 1번 출구 도보 2분
**Google Map**
25.041666, 121.507223

케이크 역시 저렴한 가격에 비해 맛이 괜찮으니 커피와 맛보기를 추천한다.

소금커피,
하이옌카페이

드립커피랑 호두쿠키랑

# 펑다카페

蜂大咖啡<sup>봉대가배</sup>
봉 대 가 배

## INFO

**ADD** 台北市萬華區成都路42號
**TIME** 08:00〜22:00
**HOW TO GO**
시먼西門 역 1번 출구 도보 2분
**Google Map**
25.042566, 121.506354

타이베이에서 제일 오래된 카페는 어디일까? 널리 알려진 바로는 1956년에 개점한 펑다카페蜂大咖啡<sup>봉대가배</sup>라는 곳으로 시먼띵 중심부에 있다. 사실 펑다카페를 찾기는 생각보다 쉽다. 펑다카페를 지나치는 순간, 커피 볶는 구수한 향이 코를 확 자극하기 때문이다. 향긋한 커피 향에 이끌려 가다보면 어느새 펑다카페 안에서 커피를 주문하고 있는 자신을 발견할 수 있다.

그런데 이 커피 향의 정체는 바로 카페 내부에 있는 커다란 커피 볶는 기계다. 카페에 들어가면 커피 볶는 큰 기계가 쉬지 않고 커피콩을 볶는데 실제 기구의 쓰임새뿐 아니라 커피전문점의 분위기를 돋우는 역할을 하고 있다. 펑다카페 내부에는 이 기계 말고도 다양한 커피도구가 비치되어 있는데 커피에 조예가 깊은 사람이라면 아마 이것들을 감상하느라 한참을 헤어나오지 못할 것이다.

커피머신 구경을 한참하고 1층이나 2층에 자리를 잡으면 종업원이 메뉴판을 가져다주는데 커피전문점의 위상을 보여주듯 전 세계의 다양한 커피가 리스트업되어 있다. 커피 마니아라면 당연히 자기 취향의 원두를 고르겠지만, 만약 그렇지 않은 사람이라면 이 집의 베스트메뉴인 펑다 드립아이스커피, 펑다쉐이띠뻥카페이蜂大水滴冰咖啡<sup>봉대수적빙가배</sup>를 추천한다. 펑다 드립커피는 우리가 흔히 마시는 에스프레소와는 다른 쓴맛이다. 첫맛은 쓱쓸하지만 끝맛에서는 로스팅의 향긋함이 입안을 휘감는 향미가 무척 깊은 커피다.

그러나 펑다카페가 커피로만 유명했다면 그 매력은 지금에 미치지 못했을 것이다. 아직까지 남녀노소를 막론해 사랑받는 이유는 바로 펑다카페의 호두쿠키인 허타우쑤核桃酥핵도소 덕분이다. 실제로 1층 메인 카운터에서는 허타우쑤를 쌓아놓고 파는데 커피를 마시는 사람마다 꼭 이 쿠키를 함께 주문해서 올라간다. 겉보기에는 아주 평범해 별로 기대가 되지 않는데, 쿠키를 한점 떼어먹는 순간 쿠키 속에 밴 설탕의 달달함이 입안 가득 퍼진다. 버석거리는

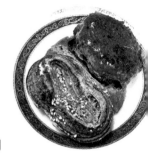

허타우쑤

식감과 어딘가 쏩쓸한 뒷맛이 먹으면 먹을수록 매력적이다. 알고보니 펑다카페의 주인 챠오 씨가 홍콩에서 특별히 모셔온 제빵사가 20년 넘게 이 호두쿠키만 만들었다고 하니 쿠키 맛은 보장할 수 있을 것이다.

호두쿠키는 앞에 언급한 펑다 드립커피와 함께 먹을 때 진가가 발휘된다. 펑다 드립커피의 깊은 쏩쓸함과 호두쿠키의 진한 달달함이 조화를 이루며 커피&디저트의 완벽한 시너지를 만들어낸다. 물론 이 집 2층에서도 저렴한 가격에 웬만한 디저트 카페 수준의 맛있는 조각케이크를 판매하고 있어 커피와 어울리는 케이크를 함께 먹어도 흡족하다. 그러나 이 찐한 펑다 커피에는 케이크의 촉촉한 식감보다는 호두쿠키의 버석한 식감이 훨씬 잘 어울리니 발품을 팔더라도 1층의 호두쿠키를 추천한다.

펑다카페의 드립커피

대만에도 몇 없는 똥꽈차 전문점

# 똥시엔탕
冬仙堂
동 선 당

## INFO

**ADD** 台北市萬華區書陽街
二段115-17號
**TIME** 화~일 11:00~21:00
**HOW TO GO**
시먼西門 역 1번 출구 도보 10분
**Google Map**
25.040051, 121.502629

우리에게는 낯선 작물 똥꽈冬瓜동과는 동아박이라고도 불리는, 수박이나 호박 같은 일종의 박으로 열대지방에서는 겨울에 나기 때문에 윈터멜론이라고도 한다. 똥꽈는 인체의 열을 내리는 데 탁월한 효과가 있어 대만처럼 더운 나라에서 사랑받는 작물 중 하나다. 그리고 대만사람은 똥꽈를 차로 달여 마시는데 이것이 바로 똥꽈차다. 똥꽈차는 똥꽈를 달였기 때문에 첫맛은 약간 쌉쌀하지만 흑설탕을 넣어 끝맛은 달달하다. 한국에서는 맛볼 수 없는 차로 한여름에 시원한 똥꽈차 한잔이면 갈증이 풀리고 더위가 싹 가신다. 똥꽈차는 대만에서 굉장히 대중적인 차라 편의점이나 길거리에서도 많이 팔지만, 수준급의 똥꽈차를 마시고 싶다면 똥시엔탕冬仙堂동선당을 추천한다.

용산사와 시먼띵 남쪽에 위치한 똥시엔탕은 이제 거의 남아있지 않은 똥꽈차冬瓜茶동과차 전문점이다. 전통방식을 그대로 보존하면서 대만 고유의 음료문화를 대중적으로 전파하는 데 힘쓰는 기특한 가게이기도 하다. 사실 편의점에서 파는 똥꽈차는 동과의 함유량이 매우 적고 설탕 함유량이 높아 인공적인 향이 강한데, 이 집은 똥꽈를 껍질째 흑설탕에 직접 우려 가장 신선한 상태의 똥꽈차를 만들어낸다. 직접 수작업으로 만들다보니 많은 양을 만들지 못해 늦게 가면 다 팔리고 없는 경우도 허다하니 조금 서두르는 게 좋겠다. 참고로 연어 맛집 산웨이스탕三味食堂삼미식당 맞은편에 있으니 약간 느끼한 연어를 먹고 후식으로 먹기도 딱 좋다. 만약 입맛에 맞다면 똥꽈농축액을 고체 형태로 파니 사두자. 조각으로 잘라 물에 타먹으면 똥시엔탕에서의 맛을 그대로 재연해볼 수 있을 것이다.

# 열을 내리는 작물
## 동과

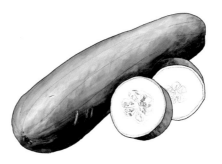

동과冬瓜는 중국 남부와 인도에서 시작한 작물로 현재는 동남아시아, 동아시아 등 광범위한 지역에서 재배되고 있다. 한국 남부에서도 작은 규모로 재배하고 있으나 우리에게는 그리 많이 알려진 작물이 아니다. 전라도에서는 생태찌개 등에 무를 대신해 넣거나 동과의 씨를 달여 약으로 판매하기도 하나 아직까지 대중적인 작물은 아니다.

약으로 판매하는 것에서 볼 수 있듯 동과의 씨는 폐 건강에 좋다. 또 성질이 차서 몸의 열을 내리는 데 도움을 주는 반면, 위가 약하거나 병이 있는 사람에게는 해가 될 수 있기 때문에 주의해야 한다.

동과는 생채로 먹어도 되나 일반적으로는 볶거나 탕으로 먹는다. 동과를 이용한 레시피는 매우 다양한데 대만에서는 주로 차로 먹는다. 열을 내리는 동과차는 특히 기후가 더운 대만에서 전국민의 사랑을 받고 있으며, 대만 3대차로 불리기도 한다.

동과차는 동과와 설탕을 오랜 시간 삶아 즙으로 만들어 굳힌 다음 필요한 만큼 덩어리의 일부를 잘라서 물에 녹이는 방식으로 만든다. 설탕을 함께 만들어 굳혔기 때문에 별도의 첨가물이 필요 없으며 특유의 상쾌함으로 여름철 대만여행의 필수음료로 꼽힌다.

우아하고 향긋한 시간

# 카이먼차탕
開門茶堂
개 문 다 당

## INFO

**ADD** 台北市松山區民生東路四段
80巷1弄3號1樓
**TIME** 11:00~21:30(화요일 휴무)
**HOW TO GO**
타이베이샤오쮜딴台北小巨蛋 역
1번 출구 도보 15분
**Google Map**
25.057748, 121.553259

카이먼차탕의 모던한 간판

보통 찻집이라고 하면 인사동같이 전통적인 느낌을 생각한다. 사실 대만의 유명한 찻집 역시 이런 고즈넉하고 옛스러운 분위기의 찻집이 대부분이다. 허나 유명한 찻집은 잘못하면 너무 시끌벅적해 제대로 차맛을 향유할 수 없고, 옛스러운 느낌의 찻집은 자칫 고루한 느낌이 들기 쉽다. 이렇듯 차는 그 찻집의 분위기가 차 맛을 좌우하기 때문에 여러 요소를 고려해 추천해야 하는데, 이때 가장 자신있게 추천할만한 곳이 바로 카이먼차탕開門茶堂개문다당이다.

카이먼차탕은 차를 파는 곳이라기보다는 차를 마시는 라이프스타일을 파는 곳이라고 할 수 있다. 차도구, 식기류, 조명, 가구 등 모든 인테리어 환경이 북유럽 스타일로 통일되어 있고, 디자인 매무새는 하나같이

다식세트

완성도가 높다. 디자인 스튜디오가 운영하는 찻집으로 실제로 차와 관련된 모든 인테리어는 카이먼차탕이 디자인한 제품이며, 한쪽에서는 차패키지도 팔고 있다. 그래서 보통의 전통적인 분위기의 찻집과 다르게 모던하고 고급스러운 느낌이 강하다.

이처럼 차를 마시기 위한 완벽한 환경을 구축한 곳이니만큼, 테이블 간격 역시도 널찍이 떨어져 있어 다른 테이블의 대화에 방해받지 않고 조용히 차를 마실 수 있다. 실제로 카이먼차탕에는 관광객보다는 업무미팅처럼 도란도란 회의하는 사람이 많이 보이는데, 다들 목소리를 높이지 않아 매우 조용한 분위기에서 온전히 차 맛에 집중할 수 있다.

분위기처럼 차 맛 역시 매우 우아하다. 카이먼차탕의 차는 전국을 돌며 가장 맛좋은 차를 엄선해 내놓는데 진한 맛의 우롱차 딴펑우롱丹鳳烏龍단봉우롱과 깔끔한 장위엔파오종狀元包種장원포종이 가장 유명하다. 차 맛의 특성이 각기 다르고 명확해 두 차를 비교하며 마시는 것도 쏠쏠한 재미다. 만약 차만 마시기 심심하다

면 차와 어울리는 다식을 곁들여보자. 바삭한 머랭쿠키 차시앙딴바이샹茶香蛋白霜다향단백상과 호두다식 허타오까오核桃糕호두고, 바닐라향을 가미해 구운 호두샹차오치리후타오香草七里胡桃향초칠리호도로 구성된 다식세트는 적당히 달콤하면서도 담백해 진한 차맛의 풍미를 한층 돋우어준다.

카이먼차탕은 위치도 부촌 한가운데에 있으며 가게 주위 역시 차분하고 여유로워 타이베이에서 고급스러운 분위기의 차맛을 찾는 사람에게는 적극 추천한다. 그럼에도 가격은 과하게 비싸지 않다. 이곳에는 한 사람당 약 150위안약 6000원을 써야 하는데 타이베이에서 쉽게 보기 힘든 우아한 분위기나 고급스러운 차 맛을 생각했을 때는 결코 비싸지 않다.

타이베이에 가면 카이먼창에서 조용하게, 그리고 아름답게 차를 즐겨보자. 아마 대만여행의 작은 힐링이 될 것이다.

카이먼차탕의 고풍스러운 인테리어 소품

고급스러운 패키지에 차를 담아 팔고 있으니
선물용으로 구입해도 좋겠다.

용푸삥치린永富冰淇淋영복빙기임은 60년의 전통을 자랑하는 아이스크림 집이다. 연어로 유명한 산웨이스탕 가는 길에 있으니 산웨이스탕을 계획하는 사람이라면 이 아이스크림도 후식으로 권한다.

아이스크림 집이라고 해서 우리나라 아이스크림 집처럼 외관이 예쁘장하지 않다. 허름한 간판과 오래된 메뉴판, 낡은 건물 특유의 촘촘한 타일로 도배된 이 아이스크림 집은 삥冰빙이라는 한자를 보기 전까지는 당최 아이스크림 집인지 알 수 없다. 그리고 무사히 이 집을 찾아 들어가더라도 그 작은 규모에 다시 한번 놀라게 된다. 고작 두세 명이 앉을 수 있는 테이블이 전부라 자리를 잡지 못하면 테이크아웃해야 한다.

맛은 생각보다 다양하다. 딸기, 패션프루츠, 매실, 달걀, 롱옌, 땅콩, 팥, 타로, 레몬이 있는데 참고로 달걀은 바닐라 아이스크림이다. 오픈 당시 사람들이 바닐라라는 명칭을 몰라 고소함과 노란색이 비슷하다고 하여 달걀이라고 명명했다고 한다.

한 컵당 세 가지 맛을 담을 수 있는데 추천하는 맛은 땅콩 맛의 화성花生화생이다. 한국에서는 쉽게 맛볼 수 없는 고소한 맛인데 미묘하게 한국 아이스크림 호두마루 맛이 나면서도 텁텁하지 않고 시원하다. 달걀 맛인 찌딴雞蛋지단이나 팥 맛인 홍또우紅豆홍두 역시도 이 집의 대중적인 맛 가운데 하나인데 맛이 시원하고 깨끗해 다 먹고나면 기분마저 상쾌해진다.

사실 자극적인 것을 좋아하는 한국사람 입맛에는 다소 심심하다고도 느낄 수 있겠지만 다 먹고나서도 맑고 청량한 맛이 입에서 맴돌기 때문에 느끼한 연어 후식으로 아주 적당하다.

맑고 청량한 아이스크림

# 용푸삥치린
## 永富冰淇淋
### 영 복 빙 기 임

## INFO

**ADD** 台北市萬華區貴陽街二段68號
**TIME** 10:00~23:00
**HOW TO GO**
시먼西門 역 1번 출구 도보 3분
**Google Map**
25.039710, 121.504022

시장에서 먹는 최고의 땅콩탕

# 마오펑화성탕
## 茂豊花生湯
무 풍 화 생 탕

**INFO**

**ADD** 台北市大同區迪化街
一段21號104室
**TIME** 08:00~18:00
**HOW TO GO**
베이먼北門 역 3번 출구 도보 10분
**Google Map**
25.055058, 121.510192

번화한 시장에 가면 꼭 그 시장의 대표 먹거리가 있다. 대만에도 디화지에迪化街적화가라는 시장거리가 있는데, 대만 전통시장을 구경하며 오래된 주전부리 집을 방문하는 것 역시 쏠쏠한 재미다. 웬만한 점포는 기본 60년은 훌쩍 넘었고 각기 특색이 있어 시장을 찾는 이들의 허기를 달래기에 딱 좋다. 이 수많은 노포 중 다화지에서 가장 유명한 주전부리 맛집이 바로 마오펑화성탕茂豊花生湯무풍화생탕이다.

마오펑화성탕의 메인메뉴는 아몬드로 만든 빙수 싱런루杏仁露행인로와 땅콩탕인 화성탕花生湯화생탕이다. 만약 여름이라면 사람들은 하나같이 싱런루를 시켜먹는데 딱 아몬드 우유를 얼린 맛이다. 고소하면서도 시원한 맛이 일품이라 여름이면 테이블 위에 기본적으로 싱런루가 하나씩 올라가 있다.

싱런루

화성탕

그러나 싱런루의 치명적인 단점은 차가운 음식이라 겨울에는 잘 팔리지 않는다는 것이다. 그래서 집주인은 20년 전부터 이런 단점을 극복하고자 땅콩으로 화성탕을 만들었다. 마치 팥빙수 집이 겨울에 단팥죽을 파는 이치다.

화성탕은 껍질 벗긴 땅콩을 푹 고아 익힌 탕이다. 푹 삶은 땅콩은 간신히 형체만 남은 상태로 흐물흐물해지는데 땅콩의 고소함이 그대로 국에 배어있어 출출할 때 먹으면 딱 좋다. 그리고 여기에 설탕을 더해 달달하게 만드는데 마치 묽은 단팥죽을 먹는 것 같다. 한국에는 없는 메뉴라 낯설 수 있으나 그리 어렵지 않은 맛이라 누구나 금방 맛있게 먹을 수 있다.

그러나 사실 땅콩탕은 쉽게 만들어지는 음식이 아니다. 모든 콩 중에서 땅콩을 삶는 데 가장 많은 노력과 시간이 필요하다. 보통 콩종류가 물러지는 데 녹두는 1시간 반, 팥은 2시간이 걸리지만 땅콩은 약불에서 은은하게 7시간 삶아야 말랑말랑한 식감을 가지면서도 푹 퍼지지 않는다. 게다가 땅콩 역시 일반적인 땅콩이 아니라 특정지역의 기름기 많은 땅콩을 사용해야 은은한 땅콩 향이 배어나온다고 한다. 이처럼 땅콩탕은 생각보다 만들기도 까다롭고 손이 많이 가는 음식이라 제대로 된 땅콩탕을 먹기란 쉽지 않다. 그런데 이 집은 질 좋은 땅콩을 골라 오랜 시간 끓여 만든 땅콩탕의 정수를 선보인다.

결과적으로 겨울 한정메뉴로 시작한 이 집의 땅콩탕은 금세 소문이 나서 이제는 사시사철 땅콩탕을 먹을 수 있게 되었다. 심지어 가게이름마저 마오평화성탕으로 바꾸어 다화지에의 진정한 화성탕 맛집으로 거듭났으니 그야말로 우연한 발견이 사운을 바꾼 셈이다. 다화지에 시장거리를 걷다가 출출해지면 화성탕 한 그릇을 꿀꺽 비워보자. 저렴한 가격에 허기짐을 달래는 좋은 간식이 될 것이다.

땅콩을 푹 곤 화성탕

아몬드 맛과 함께 푸딩같은 젤리도 함께 맛볼 수 있는 싱런루

## 이런 아이스크림 또 없습니다

# 8%ICE

### INFO

**ADD** 台北市大安區永康街13巷6號
**TIME** 12:00~22:00
**HOW TO GO**
동먼東門 역 5번 출구 도보 3분
**Google Map**
25.032545, 121.530077

아이스바,
시엔궈빵
(鮮果棒)

보통 용캉지에永康街영강가에서 디저트를 먹으면 스무시思慕昔사모석의 망고빙수를 먹는 게 일반적이다. 그러나 스무시 본점인 용캉15永康15영강15에서 조금만 왼쪽으로 꺾으면 망고빙수 집 외에도 시원한 입가심거리를 만날 수 있으니 그 주인공은 바로 8%ICE다. 이 아이스크림 집은 2013년도에 생긴 집으로 현재 새로운 명소로 떠오르는 가게다. 인테리어도 매우 모던하고 깔끔해 아이스크림 집이라기보다는 흡사 디자인숍에 가깝다.

이곳의 목표는 '건강하고 맛있는 아이스크림'으로 아이스크림에 들어가는 과일은 반드시 제철 과일만 사용하며 색소나 향신료 등 어떠한 방부제도 섞지 않는다. 실제로 이 집에서 아이스크림을 먹어보면 정말 보통 아이스크림과는 달리 굉장히 신선한 맛을 즐길 수 있다. 아이스크림 전문점답게 젤라토, 소프트아이스크림, 아이스바 등 다양한 종류를 판매하고 있는데 특히 아이스바는 과일을 그대로 얼린 듯 생생하다. 실제로 아이스바 안에는 과일이 통으로 들어있는데 형형색색으로 찬란하게 빛나 차마 먹기 아깝다. 그러나 한 입 베어물었을 때 입안에서 톡 퍼지는 상큼함이 더욱 황홀해 아까운 기분은 싹 없어지고 만다.

소프트아이스크림을 좋아한다면 쉬엔미머차玄米抹茶현미말차 소프트아이스크림을 추천한다. 아이스바가 입안에서 시원한 맛이 감돈다면 이 소프트아이스크림은 부드러운 맛이 강하다. 한국의 녹차아이스크림과도 비슷하나 현미의 쌀 맛이 강해 아이스크림치고 매우 고소하다. 한국에서는 맛볼 수 없는 특이한 아이스크림이다.

젤라또.
이쓰삥치린(義式冰淇淋)

아기자기한 젤라또 패키지 디자인

그러나 이곳에서 사람들이 가장 맛있게 먹는 메뉴는 젤라토다. 아이스크림이나 아이스바는 특이한 맛에 먹는 메뉴인데 젤라토는 정말 맛이 고급스러워서 꼭 먹어보길 권한다. 젤라토도 다양한 맛이 있는데 그중 초코얼그레이 버차챠오커리伯茶巧克力백다교쿡력 아이스크림은 기존 초코아이스크림의 달달함에 얼그레이의 씁쓸함이 함께 있어 묘하게 복합적이다. 마냥 달지 않아 계속 먹게 되는 마성의 맛이다. 말차와 유자로 만든 머차여우즈抹茶柚子말차유자나, 녹차를 볶아 만드는 호지차에 꿀을 넣어 만든 펑미뻬이차蜂蜜焙茶봉밀배다 등 다른 차 종류 아이스크림도 차 향이 깊어 매우 이색적이니 한번쯤 시도할만하다.

8%의 의미는 이탈리안 젤라토의 이상적인 유지방 함유율을 뜻하며, 8은 아이스크림 두 스쿱을 얹은 모양이라고 한다. 또 옆으로 뉘이면 무한대의 기호가 되어 아이스크림의 무한한 가능성을 상징한다고 하는데 실제 이 집 아이스크림을 먹으면 그 포부가 헛된 말이 아님을 알 수 있다. 용캉지에서 망고빙수 외에 이색적인 입가심을 하고 싶다면 8%아이스로 향하라.

현미말차 소프트아이스크림

## 위스키로 아이스크림을?

# 바이후즈
## 白鬍子
### 백 후 자

### INFO

**ADD** 台北市大安區忠孝東路四段
205巷29弄8號
**TIME** 14:30~22:00
**HOW TO GO**
쫑샤오뚜언화忠孝敦化 역 2번 출구
도보 5분
**Google Map**
25.043043, 121.552256

대만사람들은 술을 별로 좋아하지 않는 듯하다. 야식을 먹을 때도 그렇고 저녁에 삼삼오오 모일 때도 테이블에 술이 올라가는 경우를 본 적이 거의 없다. 이 와중에 독특하게도 술아이스크림이 있다. 위스키 허니 아이스크림 펑미웨이스찌蜂蜜威士忌봉밀위사기. 위스키 향을 첨가한 게 아니라 정말로 위스키를 넣어서 신기하게도 아이스크림이 쌉쓸한데, 꿀도 들어있어 끝맛은 달콤하게 장식된다. 그런데 이 쌉쓸달콤함의 조화가 묘하게 매력적이다. 빙질 역시 훌륭하다. 소프트아이스크림의 가벼운 식감이 아니라 프리미엄 아이스크림에서 느껴지는 부드러운 크림 같다. 위에는 프레젤 같은 딱딱한 빵이 올라가는데 약간 짭짤해 달달한 아이스크림과 함께 먹는 조화가 훌륭하다.

한편 보통 소프트아이스크림의 윗부분을 다 먹고 나면 장미 모양으로 예쁘게 장식한 과자가 남는데 이 과자 역시 아이스크림에 눅지지 않고 마치 와플과자처럼 적절히 바삭해 과자까지 남김없이 다 먹게 된다. 맛있는 소프트아이스크림은 첫입에서 끝 과자까지 완벽하게 맛있는데 여기가 딱 그런 곳이다.

이 완벽한 아이스크림의 주인은 증권사에서 일하는 샐러리맨이었다. 그런데 홋카이도 여행에서 우유아이스크림에 깊은 감명을 받아 아이스크림 집을 차리게 되었다고 한다. 순수한 천연 아이스크림을 만들기 위해 인공색소나 향을 전혀 넣지 않을 뿐 아니라 매일 신선한 과일을 구해서 직접 만들기 때문에 날마다 맛이 조금씩 다르다고 한다. 사과가 제철일 때는 사과와 맥주로 만든 아이스크림을 선보인다니 때를 잘 맞추면 이 독특한 아이스크림도 맛볼 수 있겠다.

세상 가장 독특한 아이스크림

# 쉐왕뼁치린
## 雪王冰淇淋
설 왕 빙 기 림

### INFO

**ADD** 台北市中正區武昌街一段65號
**TIME** 12:00~22:00
**HOW TO GO**
시먼西門 역 5번 출구 도보 5분
**Google Map**
25.044234, 121.510400

雪王冰淇淋供應中心73種　請先付款 謝謝！

족발아이스크림, 금문고량주아이스크림, 브렌디아이스크림, 고추아이스크림…. 단어만 들어도 기상천외한 이 아이스크림은 타이베이 아이스크림 집 쉐왕삥치린雪王冰淇淋설왕빙기림

에 실재하는 메뉴다. 물론 혹자는 아이스크림의 네이밍만 이렇고 실제 맛은 향만 나는 거라 생각할 수도 있겠다. 그러나 당황스럽게도(?) 쉐왕삥치린의 아이스크림 맛은 순도 100%다. 이 말인 즉슨 향이 아니라 정말 이 재료를 통째로 들이부은 것이다. 그래서 족발아이스크림 쭈쟈오豬腦저각에서는 정말로 족발의 콜라겐까지 씹히며 꼬릿한 돼지비린내가 풍기고 고량주아이스크림 찐먼까오량金門高粱금문고량은 정말 고량주를 얼렸는지 독하기 짝이 없다. 고추아이스크림 라쟈오辣椒랄초는 너무 매워 입이 얼얼한데 먹다보면 고추씨까지 씹힌다. 아이스크림에 청양고추를 투하했다 해도 과언이 아니다. 종합적으로 이 살벌한 아이스크림을 만만히 보고 덤벼들었다가는 큰코다치기가 쉬우니 꼭 하나쯤은 무난한 메뉴를 시켜야 한다.

참고로 그 무난한 메뉴 중의 하나는 바로 붉은강낭콩인 따훙떠우大紅豆대홍두 아이스크림이다. 무시무시한 아이스크림 종류 사이에서 다소 안심이 되는 이 메뉴는 이 집의 시그니처 메뉴이기도 하다. 그러나 역시 순도 100% 아이스크림을 자랑하듯, 붉은강낭콩아이스크림에서도 많은 콩이 통째로 씹히니 강낭콩을 정말 좋아하는 사람만 시켜야 한다. 그 외에 사탕수수인 깐쩌甘蔗감자나 수박인 시꽈西瓜서과 아이스크림 등 적당히 무난한 아이스크림도 있으니 적절히 실험적인 아이스크림과 무난한 아이스크림을 고루 섞어 시키도록 하자.

창업주의 부인인 백발의 할머니가 아이스크림을 정성들여 담고 있다.
아르바이트생을 쓰지 않고 홀로 운영하는 듯한데 꼼꼼하게 아이스크림을 담는 솜씨가 예사롭지 않다.

벽 한 면을 가득 메운 쉐왕뼁치린 기사들

이 정도 되면 대체 이 엽기적인 아이스크림을 만든 창업주가 누군지 궁금하다. 아니나 다를까 특이한 아이스크림 집답게 벽면에는 이 아이스크림이 소개된 기사로 스크랩되어 있다. 기사들을 찬찬히 읽어보면 생각보다 이 집이 오래되었다는 사실에 한 번 더 놀란다. 아이스크림 집이지만 벌써 70년이 다 되어간다.

이 아이스크림을 만든 까오高고 씨는 시골의 가난한 집에서 자라 아이스크림에 대한 로망이 있었다고 한다. 어린시절 너무 아이스크림이 먹고싶어 꼭 어른이 되면 아이스크림 만드는 법을 배우리라 다짐했다고. 성인이 되어 우연치 않게 일본에 미술유학을 갈 기회가 왔는데, 정작 까오 씨는 미술을 배우러 가서 아이스크림 만드는 법을 배워오고 아이스크림 노점에서부터 시작해 어엿한 점포까지 차리게 되었다. 처음에는 대만에서 구하기 쉬운 팥, 땅콩 등 무난한 열 종류를 주력메뉴로 팔았다. 그러나 미술유학을 꿈꿨던 예술인의 피가 어디 가지 않는 법. 시간이 지나며 까오 씨는 남이 팔지 않는 새로운 메뉴에 대한 도전의식이 발동해 이색 아이스크림을 100종 가깝게 개발해 판매하기 시작했다. 지금에서야 손님들이 좋아하는 맛을 추려내 많이 정리된 상태라고 하니 초창기에는 어떤 기상천외한 아이스크림을 팔았을지 상상조차 되지 않는다. 이렇게 혈기왕성했던 까오 씨는 몇 해 전 세상을 떠났고, 지금은 배우자인 듯한 할머니가 운영하고 있다.

까오 씨는 이제 고인이 되었지만, 그가 생을 걸며 완성했던 예술작품과 같은 아이스크림은 아직도 쉐왕뼁치린에서 만날 수 있다. 이곳에서 고인의 유작이 된 아이스크림을 맛보며 까오 씨의 재미난 실험정신을 느껴보자.

차오메이또우화

사오또우화

또우화의 세련된 변화

# 사오또우화
## 騷豆花
### 소 두 화

## INFO

**ADD** 台北市大安區延吉街131巷26號
**TIME** 12:00~22:00
**HOW TO GO**
궈푸찌니엔관國父紀念館 역
1번 출구 도보 3분
**Google Map**
25.042726, 121.555490

또우화豆花두화는 대만의 대표적인 디저트 메뉴다. 푸딩 같으면서 콩의 고소함이 살아있는 또우화는 마치 한국의 케이크처럼 대만사람들이 즐겨먹는 후식이기도 하다. 보통은 담백하게 땅콩이나 팥 등의 토핑을 얹어 먹는데 이곳의 느낌은 좀 더 트렌디하다. 보통 전통적인 또우화의 땅콩은 마치 팥빙수의 팥처럼 통통 불어있는데 여기는 땅콩이 오독오독 씹힌다. 또 특이하게 타피오카 알갱이를 올려주는데 이 또한 사오또우화를 트렌디하게 만들어주는 요소 중 하나다. 그리고 일반적인 또우화가 아몬드국 같이 고소한 국에 순두부를 띄워주는데 이곳은 흑설탕을 갠 물에 두부를 올려 좀 더 젊은 사람 입맛에 맞춘 느낌이 강하다. 겨울 간판메뉴인 차오메이또우화草莓豆花초매두화에는 이색적으로 딸기를 얹어준다. 사실 언뜻 생각하기에 딸기와 순두부는 당최 어울리지 않아 보이지만 또우화 자체가 순두부라기보다는 푸딩에 가까워 맛 자체는 딸기 맛 커스터드 푸딩을 먹는 기분이다. 그래서 이곳은 유난히 여자들이 좋아하는 곳이기도 하다.

여름에는 망고와 수박이 올려간 망궈시꽈 또우화芒果西瓜豆花망고서과두화를 맛볼 수 있는데, 또우화 위에 망고셔벗을 얹고 그 위에 망고와 수박을 올린 메뉴다. 그리고 그 위에 작은 타피오카 알갱이와 연유를 더해 쫄깃하면서도 달달하다. 수박은 먹기 좋게 씨까지 다 발라서 올리는데 고작 과일 또우화 하나에 들어간 공이 만만치 않다.

전통적인 또우화를 기대한다면 다소 실망할 수 있겠지만 좀 더 세련된 퓨전 또우화를 맛보고 싶다면 추천하는 집이다.

삶은 땅콩의 부드러움이 인상적인 사오또우화

안에서 바깥 정원을 감상할 수 있어 분위기도 좋다.

엄마가 만들어주는
아몬드 디저트

## 시아수티엔핀
### 夏樹甜品
하 수 첨 품

**INFO**

**ADD** 台北市大同區迪化街一段240號
**TIME** 월~금 10:30~18:00,
토, 일 10:00~19:00
**HOW TO GO**
따차오터우大橋頭역 1번출구 도보 8분
**Google Map**
25.059964, 121.509283

앞서 본 것처럼 대만에는 딸기를 얹은 또우화, 아몬드를 얹은 또우화 등 다양한 또우화가 있는데 심지어 어떤 집은 또우화를 넣은 빙수를 팔기도 한다. 이 또우화빙수 집의 이름은 시아수티엔핀夏樹甜品 하수첨품. 2010년 개업한 꽤 트렌디한 집이다. 작지만 깔끔하고 소담한 인테리어가 지나가는 사람의 발길을 붙잡는데 일본의 아기자기한 느낌도 있어 여자들이 좋아할만한 집이다. 원래는 엄마가 아이들에게 간식으로 주던 메뉴를 보완해 지금 자리에 가게를 차렸다고 하는데, 아이들 음식에서 출발한 것처럼 역시 맛이 굉장히 순하고 건강하다.

대표적인 메뉴는 싱런떠우푸쉐화빙杏仁豆腐雪花冰 행인두부설화빙으로 아몬드우유 맛의 눈꽃얼음에 작은 조각의 아몬드를 넣고 순두부 같은 또우화를 넣은 메뉴다.

싱런떠우푸쉐화빙

마치 빙수에 푸딩을 함께 곁들여 먹는 느낌인데 담담
하면서도 고소하게 씹히는 아몬드 맛이 매우 좋다. 만
약 심심하면 토핑으로 팥이나 달게 절인 대추, 토란
등을 올려 먹으면 되는데, 이 토핑 역시 여기서 직접
만든 토핑이라니 꼭 추가해 먹어보자. 전반적으로 먹
고 나서도 개운하고 깔끔해 오히려 대만의 유명체인
망고빙수 집보다 더 맛있게 먹은 사람도 꽤 있다.
아몬드빙수가 메인이긴 하지만 기본적인 아몬드두부
싱런떠우푸杏仁豆腐도 있다. 또우화의 맛과 비
슷하긴 하지만 또우화보다 더 탱글탱글하고 물기가
적어 좀 더 두부 맛이 강하다. 그런데 위에 불린 아몬
드와 으깬 아몬드를 동시에 솔솔 뿌려 밍밍한 두부 맛
을 한층 고소하게 만들어준다. 이 두부 역시 배불러도
간편하게 맛볼 수 있는 메뉴로 빙수 하나와 두부 하나
를 주문해 각각 맛보는 것도 괜찮다.
시아수티엔핀에서 단촐한 두부를 먹으며 소소한 수다
를 떠는 것 역시 대만여행의 소소한 재미다.

싱런떠우푸

CHAPTER

- 6 -

대만맛집의
최종목적지
야시장

# 士林夜市
## 스린야시장

**스린야시장 STORY**

스린야시장은 대만 내에서도 꽤 큰 규모로 국제적인 명성을 지니고 있는 야시장이다. 그러나 대만 현지 사람들은 스린야시장을 야시장의 정석으로 치지 않는데 그 이유는 야시장 점포들이 한 곳에 모여있지 않기 때문이다. 언뜻 보면 쇼핑가 가운데 주전부리가 있는 모양새인데 실제로 야시장이 크다기보다는 쇼핑가를 포함한 전체 면적이 넓다. 그래서 규모에 비해서는 먹을 게 많이 없을 수도 있다. 그러나 스린야시장은 야시장의 다양한 형태를 보여준다. 지하미식구 아케이드 안에는 다양한 음식을 즉석에서 조리하는 실내 점포들이 속속 입점해 있고, 스린야시장 입구에는 단일품목을 파는 리어카 가판대로 붐빈다. 이처럼 대만의 다양한 야시장 매장형태를 경험해보는 것도 스린야시장의 쏠쏠한 재미다.

또 상대적으로 스린야시장은 다른 야시장보다 주전부리라기보다는 식사에 가까운 메뉴가 많다. 찌파이나 쭈파이, 관차이반 등은 사실 한 끼로 손색없는 무거운 식사들인데, 여기서는 가급적 빙수나 디저트같은 가벼운 메뉴를 섞어가며 소개했다.

**스린야시장 메뉴 TIP**

스린야시장은 워낙 규모도 크고 종류도 많아 메뉴를 선정하기 어려운 곳 중의 하나다. 그러나 꼭 먹어봐야 하는 리스트를 클리어하고 돌아다니다 보면 금방 스린야시장을 정복할 수 있다. 일단 하오따따찌파이의 찌파이는 스린야시장의 톱인기메뉴이기 때문에 꼭 먼저 먹어봐야 한다. 타이베이에는 찌파이를 파는 곳이 많은데 일단 이 하오따따찌파이만큼 찌파이의 이상적인 맛을 완벽하게 구현하는 곳은 거의 없다. 일단 여기의 찌파이부터 먹어봐야 '대만에서 찌파이 먹기'라는 먹킷리스트를 제대로 완수할 수 있다. 그리고 스린야시장에는 의외로 빙수와 아이스크림 집이 많다. 망고빙수, 땅콩빙수 등 다양한 빙수를 맛볼 수 있는데 만약 유명 망고빙수 집에서 망고빙수를 먹어본 사람이라면 다른 종류의 빙수를 먹어보기 권하고 아직 망고빙수를 맛보지 않은 사람이라면 이곳 스린야시장에서 망고빙수를 맛보자. 만약 사람이 많아 다양한 야시장 메뉴를 한 번에 맛보고 싶다면 스린야시장의 지하미식구로 입장하자. 이 공간에서는 스테이크, 관차이반 등 다양한 야식메뉴를 한군데서 판매하고 있어 여러 명이서 다양한 메뉴를 나눠먹기 적당하다.

초시엔궁

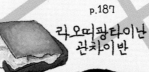
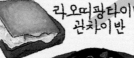

p.187

라오띠팡타이난
관차이반

이리파 오파오빙
p.186

하오띠따찌파이
p.185

스린야시장
지하마식구

이찌쓰
녀우파이쭈파이 p.191

하오핀웨이
p.188

p.189 신파팅

p.190
왕즈치 스마링슈

MRT 스린역방향 ↗

귀지아총요빙
p.184

리마트

COCO

← MRT젠탄역방향

# 꿔지아총요빙
## 郭家蔥油餅
꿔가총유병

**INFO**

**ADD** 台北市士林區文林路111號
**TIME** 17:00~01:00
**Google Map**
25.088088, 121.526187

곽 아줌마의 겉모습은 소박해 보이지만 30여 년 전 타이베이 명문대학의 조교였던 엘리트다. 그런데 한국이나 대만이나 워킹맘의 육아는 힘들었던 모양이다. 육아와 일을 함께 병행할 수 없음을 깨닫고 곽 아줌마는 조교를 그만두고 총요빙 만드는 법을 배워 3개월 치의 월급을 털어 반죽기를 구입한다. 그리고 그 반죽기로 지금까지 30년 동안 한자리에서 총요빙을 굽고 있다.

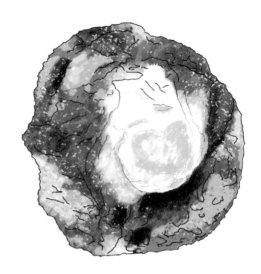

스린야시장에서 대만사람들이 넘버원으로 꼽는 야식은 무엇일까? 대만식 치킨, 땅콩아이스크림 등 스린야시장에는 다양한 종류의 야식이 있는데 이 모든 야식을 물리치고 당당히 1위를 차지한 야식이 바로 꿔지아총요빙郭家蔥油餅꿔가총유병이다. 일반적인 총요빙이 밀가루 반죽을 굽는 것과 달리 이곳의 총요빙은 밀가루 반죽을 고온에서 살짝 튀겨 그 위에 날달걀을 바로 깨서 올린다. 빵의 바삭함과 그 사이로 살짝 흘러나오는 노른자의 녹진함이 일품이다. 튀긴 기름 사이에서 노른자를 익지 않게 한다는 것은 굉장한 노하우가 필요한 일이다. 이 총요빙을 튀기는 주인장, '곽 아줌마'는 같은 자리를 30년 이상 지키고 있다. 손님이 많을 때는 하루에 무려 1000개 이상의 총요빙이 팔린다고 하니 이 정도면 '달인'이라는 호칭을 들을만하다.

그런데 30년 동안 만들어진 총요빙이 다 같은 레시피의 총요빙은 아니다. 곽 아줌마는 그날그날 기온과 습도에 따라 밀가루 대비 물의 온도를 미세하게 조정해 밀가루 반죽을 만든다. 곽 아줌마의 이러한 완벽주의 반죽 덕분에 꿔지아총요빙은 어떤 총요빙과도 견줄 수 없는 쫄깃함을 얻게 되었다. 더불어 총요빙의 느끼함을 잡아주는 특제 간장소스 역시 수십 번의 실패 끝에 성공한 소스라니 꿔지아총요빙은 단순한 야식이 아니라 곽 아줌마 장인정신의 요체다.

대만 야시장에 가면 너나할 거 없이 손에 들고 있는 것이 바로 대만식 치킨, 찌파이이다. 얼굴만한 크기에 우리나라 프라이드치킨을 얄팍하게 눌러놓은 듯한 비주얼은 보기에 그리 썩 호감은 아니다. 또 어떤 사람은 맛도 우리나라 프라이드치킨 같다며 실망하기도 한다. 그러나 제대로 튀긴 찌파이를 맛보면 생각이 달라진다. 분명 우리나라 치킨과 유사하지만 묘하게 다른, 익숙한 듯 낯선 독특한 치킨을 맛볼 수 있기 때문이다. 한국과 마찬가지로 닭에 튀김옷을 입혀 튀기는 건 똑같지만, 튀김옷 간이 더 짭짤하고 후추 맛이 강하다. 그래서 치킨을 먹을 때 닭고기보다 튀김옷을 선호하는 사람은 대만식 찌파이가 입에 더 맞을 수 있다. 이렇게 제대로 된 찌파이를 파는 집이 바로 하오따따찌파이豪大大雞排호대대계배다.

하오따따지찌파이는 1992년 대만 최초로 찌파이를 팔기 시작해 스린야시장은 물론 대만을 대표하는 야시장 간식으로 그 명성이 자자하다. 참고로 찌파이를 주기 전에 점원이 후추와 고춧가루의 유무를 묻는데, 후추만 뿌리고 고춧가루는 생략하는 것이 가장 찌파이답게 먹는 방법이다. 참, 찌파이는 안에 단단한 뼈가 있으니 먹을 때 조심하도록.

프라이드치킨? 찌파이!

# 하오따따찌파이
## 豪大大雞排
### 호 대 대 계 배

## INFO
---
**ADD** 台北市士林區基河路115號
**TIME** 16:00~23:00
**Google Map**
25.088111, 121.523978

현재 스린야시장에만 해도 세 개의 지점이 있는데 야시장 내의 분점에서 먹는 것과 본점에서 먹는 것은 확연히 다르다. 분점의 찌파이는 너무 고온에서 튀겨 튀김옷이 심하게 바삭한 반면, 본점은 튀기는 온도를 적절히 맞춰 튀김옷이 적당히 바삭하면서도 부드러워 안의 닭고기살과 훌륭한 조화를 이룬다. 따라서 꼭 스린야시장 바깥쪽에 있는 본점에서 먹어보기를 추천한다.

콩요리 같은 아이스크림

# 이리파오파오빙
## 以利泡泡冰
이리포포빙

**INFO**

**ADD** 台北市士林區大南路89-6號
**TIME** 10:00~23:00
**Google Map**
25.088227, 121.523999

이 집의 파오파오빙을 고르자면 상당히 난감해진다. 이곳에는 땅콩강낭콩(花生花豆 : 화성화떠우) 맛, 달걀우유(雞蛋牛奶 : 짜딴녀우나이) 맛, 매실(烏梅 : 우메이) 맛 등 한국에서는 보기 힘든 이색적인 맛이 있는데 그나마 우리에게 익숙한 맛은 망고(芒果 : 망궈) 맛 정도다.

이 아이스크림은 우리가 생각하는 아이스크림 형태와는 조금 다르다. 이름도 아이스크림이 아니라 파오파오빙인데 파오파오빙은 얼음덩어리를 각종 재료와 함께 간 슬러시 같은 형태다. 그렇다고 슬러시라고 하기에는 아이스크림 같은 약간의 꾸덕함이 있으니 슬러시와 아이스크림의 중간 형태라고 보면 적당하겠다.

이곳의 시그니처 메뉴는 바로 땅콩강낭콩파오파오빙, 화성화떠우파오파오빙花生花豆泡泡冰화생화두포포빙이다. 간혹 망고 맛을 시키는 현지인도 있지만 거의 모든 손님이 화성화떠우파오파오빙을 꼭 시켜먹는다. 그러나 땅콩강낭콩 맛이라 하여 땅콩 향과 강낭콩 맛만 나는 한국의 호두아이스크림 같은 맛을 기대했다가는 큰코다친다. 정말 이곳의 땅콩아이스크림은 땅콩과 얼음, 아이스크림을 넣고 갈아서 꾸덕한 땅콩 맛이 화악 느껴질뿐 아니라 껍질 벗긴 강낭콩을 송송 박아 디저트라기보다는 새로운 콩요리 같다. 따라서 시원하고 상큼한 아이스크림을 선호하는 사람은 이곳의 무겁고 과한 파오파오빙의 느낌에 실망할 수도 있다. 그러나 두유나 콩국수 등 담백한 콩맛을 즐기는 사람에게 화성화떠우파오파오빙은 콩을 이용한 또 하나의 신세계 디저트인 셈이니 기회가 되면 도전해보자.

대만에 네 명 이상의 친구가 함께 놀러가면 그중 한 명은 꼭 한 번쯤 서양음식을 찾는다. 실제로 짭짤한 간장 중심의 대만 전통음식만 계속 먹다보면 파스타나 크림빵처럼 느끼한 서양 음식이 당길 때가 있다. 이럴 때 추천하는 음식이 바로 관차이반棺材板관재반이다. 관차이반은 이탈리아식 파네스파게티와 모양과 맛이 유사하다.

관차이반은 토핑을 고르는 것부터 시작이다. 새우, 닭고기, 돼지고기, 죽순, 버섯 등 열 가지 내외의 토핑에서 하나를 고를 수 있는데 보통 닭고기나 새우를 많이 주문한다. 이렇게 토핑 재료를 고르면 주인이 두꺼운 식빵을 기름에 튀기기 시작한다. 기름에서 지글지글 익어가는 식빵을 보면 어마어마한 칼로리 폭탄이 무서워지기도 하지만 그것도 잠시, 노랗게 잘 튀겨진 식빵을 보면 금방 침이 고인다. 튀긴 식빵 한 면에 칼집을 내어 식빵 뚜껑을 연 다음 주문한 재료와 양배추, 크림스프를 넣고 다시 뚜껑을 닫는다. 그리고 네 등분하여 손님 앞에 낸다.

과정만 봐도 맛있을 것 같은데, 먹으면 바로 예상한 그 맛처럼 맛있다. 적당히 튀겨진 빵의 고소함과 크림스프의 부드러움이 만나 맛의 하모니를 만들어낸다. 이 맛은 어렸을 적 '오뚜기스프'에 빵을 찍어먹던 추억의 맛을 연상케 하는데, 크림스프의 베이스가 사우전아일랜드드레싱이라 조금 더 짭짤하고 새콤하다. 어딘가 익숙하면서도 먹어보지 못한 새로운 맛이다.

빠네파스타같은 대만야식

# 라오띠팡타이난 관차이반
老地方台南官財板
노 지 방 태 남 관 재 반

**INFO**

**ADD** 台北市士林區基河路60號
**TIME** 16:00~23:00
**Google Map**
25.088460, 121.524294

地下
一樓
11
官財板
宗台南官財板連藝人都說讚

스린야시장의 지하미식가에도 관차이반을 파는 곳이 있는데 나름 맛이 괜찮다. 사실 관차이반은 대만의 남부지방인 타이난에서 유래한 음식인데 여기서 먹고 맛있었다면 다음에는 타이난에서 원조 관차이반을 먹어보기를 바란다.

나만 아는 빙수 맛집

# 하오핀웨이
## 豪品味
호 품 미

### INFO
————————
ADD 台北市士林區大東路15-22號
TIME 14:00~01:30
Google Map
25.088096, 121.524498

참고로 함께 데려간 한국 친구들 역시
이 집을 아이스 몬스터와 스무시를 뛰
어넘는 망고빙수 맛집으로 꼽았다. 대
만여행 중 망고빙수 맛집과 이 집을 비
교해보는 것도 대만맛집 탐방의 소소한
재미다.

이 집은 참 미스테리하다. 솔직히 말하면 한국의 가이드북에
도 전혀 소개되어 있지 않거니와 대만 내에서도 그리 이슈가
되는 빙수 집이 아니다. 심지어 페이스북에서 열심히 가게를
홍보하지만 대만 현지인의 호응도 별로 없다. 이런 유명하지
도 않은 빙수 집을 찾아간 건 순전히 우연이었다. 스린야시장
에서 목이 말라 빙수 집을 찾다보니 스린야시장 길목 한가운
데 있었고 별 기대 없이 들어가 망고빙수를 시켰다.

그러나! 별 기대 없이 한 입 뜬 순간 눈이 똥그래졌다. 정말
의외로 너무 맛있었기 때문이다. 아이스 몬스터, 스무시, 삼형
매 등 대만에서 내로라하는 망고빙수 집을 두루 섭렵했지만
이 집의 망고빙수가 제일 탁월했다.

일단 이 집은 유명 빙수 집 얼음보다 망고가 훨씬 깊게 농축
되어 있어서 망고빙수를 입에 넣는 순간 마치 망고주스를 먹
는 것처럼 망고 향이 강하게 퍼진다. 그리고 그 위에 망고를
섞은 연유를 듬뿍 뿌려 새콤하면서도 달콤한 맛을 동시에 즐
길 수 있다. 눈꽃빙수만큼은 아니지만 빙질 역시 촘촘하고 꼬
독해 빙수를 씹는 맛 역시 좋다.

우유얼음과 망고얼음 두 가지 중 하나를 선택할 수 있는데 반
드시 망고얼음인 망궈치엔청꿔果千層망과천층을 선택해야 농
축된 망고 맛을 즐길 수 있다.

우리만 모르는 빙수 맛집

# 신파팅
## 辛發亭
신 발 정

## INFO

**ADD** 台北市士林區安平街號
**TIME** 15:00〜00:00
**Google Map**
25.088417, 121.525721

참고로 이곳에는 자리마다 별자리운세 쪽지를 뽑는 벤더머신이 있다. 해당하는 별자리에 동전을 넣고 머신의 레버를 당기면 자신의 운세를 알려주는 쪽지가 나온다. 내용이 한자이기 때문에 한자를 모르면 별 의미가 없지만. 한자를 더듬더듬 읽을 줄 안다면 한번 과감히 돌려보자. 이 벤더머신, 생각보다 적중률이 광장하다.

스린야시장에서 꼭 가봐야 할 집이 또 있는데, 신파팅辛發亭 신발정이다. 한국사람은 잘 모르고 지나치지만 현지인은 줄을 서서 먹는 빙수 집으로 겨울에도 언제나 문정성시며 여름에는 줄이 너무 길어 포기하고 다음을 기약해야 할 수도 있는 집이다. 따라서 신파팅에 가기 위해서는 타이밍을 잘 맞춰야 한다.

사실 신파팅이 유명한 이유는 한국에서도 유행인 이색 눈꽃 빙수의 원조이기 때문이다. 요새 많은 빙수 집이 망고나 초코, 녹차 맛의 눈꽃빙수를 선보이지만 신파팅은 이미 50년째 이런 이색 빙수를 판매하고 있다. 얼음이 프릴처럼 켜켜이 쌓여 있는 빙수는 입에 넣는 순간 입에서 얼음의 결따라 사르르 녹는 식감이 일품이다.

개인적으로는 한국에서 쉽게 맛볼 수 없는 땅콩빙수인 쉐산 퉤이삐엔雪山蛻變설산세변을 권한다. 땅콩빙수는 대만에서는 대중적인 빙수지만 한국사람에게는 다소 낯선 메뉴다. 그러나 실제로 먹어보면 전혀 낯설지 않다. 마치 우유를 탄 미숫가루를 빙수로 만든 것 같은 맛인데 끝맛은 땅콩버터 향이 남는다. 첫맛은 고소하면서 끝맛은 달콤하게 장식되는 게 이 빙수의 가장 큰 매력이다. 지우펀九份구분에서 땅콩아이스크림을 맛있게 먹었다면 틀림없이 이 빙수 역시 좋아할 것이다.

# 왕즈치스마링슈

## 王子起司馬鈴薯
왕 자 기 사 마 령 서

### INFO

**ADD** 台北市士林區文林路113號
**TIME** 16:00~01:00
**Google Map**
25.088188, 121.526220

치스마링슈는 시먼띵(西門町) 등의 주
요 번화가에도 체인점이 있으니 무리해
서 스린야시장에서 맛보지 않아도 된다.
한마디로 왕즈치스마링슈의 치스마링
슈는 중독성 있게 맛있지만, 맛집힌터에
게는 그 중독성 때문에 상당히 주의를
기울이며 먹어야 할 음식인 셈이다.

대만 야식의 대표를 꼽을 때 치즈감자로 유명한 치스마링슈
起司馬鈴薯기사마령서를 빼놓으면 아쉽다. 겉보기에는 그냥 감
자 위에 치즈소스를 끼얹은 음식이지만 의외로 한국사람이
감동하며 먹는 메뉴이기도 하고, 한국에 돌아와서도 출출할
때 가끔 생각나기도 한다. 이런 치스마링슈 집인 왕즈치스마
링슈王子起司馬鈴薯왕자기사마령서는 2004년 개업한, 치열한
대만 야식계에서 나름대로 10년 넘게 버텨온 집이다.

언뜻 보기에 치스마링슈 레시피는 간단하기 짝이 없다. 으깬
감자에 치즈소스를 올리고 베이컨, 콘 등의 토핑을 얹은 게
끝이다. 그러나 희한하게 한번 떠먹기 시작하면 자기도 모르
게 폭풍흡입하는 묘한 매력이 있다. 생각보다 치즈소스 역시
꾸덕하고 고소하게 잘 만들었거니와 감자 역시 매우 부드럽
기 때문이다. 적당히 짭쌀하고 고소한 게 딱 맥주를 부르는
안주다. 그러나 치스마링슈를 먹는 순간 다른 야식 체험은 물
건너갔다고 보면 된다. 감자와 치즈의 포만감이 상당히 커서
다른 야식이 들어갈 배가 없기 때문이다. 따라서 치스마링슈
는 스린야시장 야식 투어 맨 마지막에 먹어보거나 하나로 여
러 명이 조금씩 나눠먹는 게 좋다.

후추 향 가득, 철판 스테이크

# 아찌쓰녀우파이
# 쭈파이

阿玑師牛排豬排
아 기 사 우 배 저 배

## INFO

**ADD** 台北市基河路10號
士林新市場 B1　36～39號
**TIME** 16:00～01:00
**Google Map**
25.088801, 121.524305

참고로 스린야시장의 야식지하상가는
일정한 기간마다 위치가 바뀔 수 있다.
저자가 갔을 당시(2016년)에는 야식지하
상가에 들어가자마자 있는 첫번째 집이
었으나 위치가 바뀔 수도 있음을 유념
해두자.

한국에서 스테이크는 무겁고 거창한 음식이지만 대만에서는
의외로 야식으로 즐기는 메뉴 가운데 하나다. 아찌쓰녀우파
이쭈파이阿玑師牛排豬排아기사우배저배는 스린야시장을 대표
하는 30년 전통의 야식 스테이크 집이다. 사실 이 집은 찾기
가 매우 쉽다. 띠샤메이스취地下美食區지하미식구 라는 야식지
하상가에 있는데 들어가자마자 있는 첫 집이라 헤맬 이유가
없다. 메뉴 선택 역시 간단하다. 일단 제일 비싼 메뉴를 시키
면 된다. 물론 다른 저렴한 메뉴도 있지만, 비싼 메뉴는 다른
메뉴가 갖지 못하는 풍미가 있다.

일단 주문을 하고 잠시 기다리면 치익, 하는 소리를 내며 철
판에서 지글지글 구워진 스테이크가 식탁으로 배달된다. 스
테이크는 부드럽고 적당히 두꺼워 가격대비 괜찮다는 생각이
번뜩 든다. 그리고 그 옆에는 파스타와 달걀반숙이 함께 구워
져서 나오는데 스테이크와 적당히 비벼먹으면 한 끼 식사로
도 포만감이 크다.

그러나 스테이크는 호불호가 갈리기가 쉽다. 고기 맛만 즐기
는 사람이라면 상관없겠지만 스테이크의 소스 맛을 즐기는
사람이라면 이 집은 그렇게 환영받는 집이 아니다. 소스에 후
추 맛이 너무 강해서 먹다 재채기까지 나올 정도기 때문이다.
다된 밥에 후추 뿌린 느낌이랄까. 차라리 그냥 시판 돈가스소
스를 뿌리지 대체 왜 이런 후추소스를 굳이 만들어 뿌린 걸까
싶지만, 그래도 대만 현지인이 좋아하는 맛이라니 최대한 이
해하며 먹어보자. 적어도 이만한 가격에 이 정도 두꺼운 스테
이크는 한국에서 찾아볼 수 없기 때문이다.

타이완사범대학

타이완사범대학

스다39

← MRT구팅역방향

천디부우

티엔샤뿌우
p.198

스위엔이엔쑤찌
p.199

하오하오웨이
강쓰꺼뤠파오
p.196

이쯔쉬엔

7-ELEVEN

MRT타이떠엔따러우역방향 ↓

# 師大夜市
## 스다야시장

### 스다야시장 STORY & TIP

스다야시장과 꽁관야시장은 지하철 한 정거장 차이라 함께 묶어 다니는 게 동선상 편하다. 스다와 꽁관은 공통적으로 대학이 앞에 있어 대학생 입맛에 맞춘 트렌디한 야식을 맛볼 수 있다. 그리고 야시장만 모여있는 게 아니라 카페나 옷가게 같은 가게도 많아 쇼핑을 하며 야식을 즐길 수 있다. 특히 스다는 한국인이 꼭 들리는 용캉지에永康街에서 걸어갈 수 있는 거리라 용캉지에에서 식사를 하고 스다까지 천천히 소화를 시키며 내려와 야식을 맛봐도 좋다. 스다야시장에서 가장 핫한 메뉴는 뭐니뭐니해도 버터소보로다. 따뜻한 소보로빵 안에 차가운 버터를 끼운 버터소보로는 한입 베어문 순간 스다야시장에 온 참 의미를 느끼게 하는 마성의 메뉴다. 스위엔이엔쑤찌의 튀김 역시 걸어다니며 쏙쏙 집어먹기 좋으니 스다야시장을 방문하면 꼭 먹어보도록 하자.

스다야시장방향

N

타이완대학

천산딩
p.194

란지아꺼빠오
p.195

스타벅스

MRT꽁관역

려우찌아
쉐이지엔빠오
p.197

쯔라이쉐이공원

公館夜市
꽁관야시장

**꽁관야시장 메뉴 STORY & TIP**

타이완대학의 바로 맞은편에 있는 야시장이다. 점심이나 저녁 때가 되면 끼니를 해결하러 온 타이완대학 학생과 어울려 야식을 먹을 수 있는데, 특히 천산딩은 타이완대 학생과 꽁관야시장이 자랑하는 메뉴다. 우리나라의 버블티와 유사하나 맛은 훨씬 깊고 진해 타이완에서 버블티의 원조를 먹고 싶다면 꼭 여기서 마셔봐야 한다. 그 맞은편의 꽈빠오와도 환상의 궁합이다. 고깃덩어리와 야채를 가득 넣은 이 만두같은 꽈빠오는 포만감이 가득해 천산딩과 함께 먹으면 이만큼 든든한 야식이 없다. 이 둘을 먹는 것만으로도 꽁관야시장으로 놀러온 보람은 충분하다.

## 우유와 펄 본연의 맛

# 천산딩
## 陳三鼎
진 삼 정

### INFO

**ADD** 台北市中正區羅斯福路三段316巷8弄口
**TIME** 11:00~22:00
**Google Map**
25.015660, 121.532432

이름이 다른 만큼, 천산딩의 칭와쭈앙나이는 맛 역시도 보통 쩐쭈나이차와 완전 다르다. 일단 홍차가 아닌 순수한 우유만을 사용했기 때문에 그 맛이 아주 담박하고 고소하다. 또 보통 쩐쭈나이차가 프림을 섞어 인위적인 단맛이 나는 반면 칭와쭈앙나이는 신선한 우유 본연의 맛으로 승부한다.
그러나 천산딩의 하이라이트는 바로 개구리 '칭와'라 불리는 버블이다. 보통의 쩐쭈나이차의 버블이 알이 작고 씹을수록 인위적인 젤라틴 맛이 나는 반면, 이곳의 버블은 알이 아주 튼실하고 버블의 쫀득함이 남다르다. 마치 다른 쩐쭈나이차의 버블이 젤리를 씹는 느낌이었다면 여기는 떡을 먹는 느낌 같았다.

천산딩陳三鼎진삼정은 한국인에게 춘수이당과 더불어 쩐쭈나이차珍珠奶茶진주내다 맛집의 양대산맥으로 불린다. 일반적으로 한국사람은 '춘수이당은 밀크티가 더 맛있고 천산딩은 버블이 더 맛있다'고 일축하는데 이렇게 둘을 같은 선상에 놓고 비교하는 것은 공정치 않다. 왜냐하면 천산딩은 쩐쭈나이차가 아니기 때문이다. 많은 한국사람이 천산딩을 쩐쭈나이차의 대명사로 오해하지만, 사실 천산딩은 쩐쭈나이차를 팔지 않는다. '나이차'라고 하면 보통 홍차와 우유를 섞은 밀크티를 말하는데 천산딩은 밀크티가 아닌 순수한 우유만 사용한다. 또 천산딩에서는 버블을 '쩐쭈青蛙진주'라 부르지 않고 개구리의 알과 같다고 하여 개구리를 뜻하는 '칭와青蛙청와'를 붙이고, 개구리알이 우유와 부딪힌다는 표현을 써서 '칭와쭈앙나이青蛙撞奶청와당내'라 부른다.

그런데 이곳에서 나이차를 먹을 때 주의사항이 있는데, 칭와쭈앙나이를 정말 맛있게 먹고 싶으면 절대 흔들지 말아야 한다. 간혹 성질 급한 한국사람은 다른 밀크티처럼 차가운 밀크티를 좋아해 밑의 뜨거운 버블과 위의 차가운 우유를 섞으려고 위아래로 흔드는데, 절대 금해야 할 행동이다. 애초에 칭와쭈앙나이의 버블은 따뜻함 덕에 그 쫀득함이 유지되는데 차가운 우유가 섞이는 순간 버블이 딱딱하게 굳어버리기 때문이다. 따라서 천산딩에서는 가급적 얼음을 넣지 않고 먹기를 추천한다.
물론 미지근한 밀크티가 무슨 맛이냐고 반문하는 사람도 있겠다. 허나 누차 말하지만 천산딩은 쩐쭈나이차 집이 아니라 칭와쭈앙나이 집이기 때문에 이곳에서만큼은 우유와 펄 본연의 맛을 누려보기 바란다.

쫄깃한 빵과 부드러운 육질의 궁합

# 란지아꽈빠오
## 藍家割包
란지아할포

### INFO

**ADD** 台北市中正區羅斯福路三段
316巷8弄3號
**TIME** 11:00~24:00
**Google Map**
25.015746, 121.532536

꽁관야시장 한복판의 천산딩 버블티는 한국사람들이 필수 코스처럼 들리는 곳이지만, 버블티의 달콤한 맛에 홀려 쩐쭈까지 배부르게 벌컥벌컥 마셨다가는 꽁관야시장 투어 절반은 실패한 셈이다. 사실상 천산딩 버블티는 딱 맛만 보고 다음 야식으로 꼭 먹어봐야 할 것이 바로 천산딩 맞은편에 있는 란지아꽈빠오藍家割包란지아할포이기 때문이다.

꽈빠오는 만두의 일종이기는 하지만 만두와는 생김새가 조금 다르다. 보통 만두가 밀가루 반죽을 얇게 펴 속을 채우고 다시 오무려 닫은 형태라면 꽈빠오는 찐빵을 반으로 갈라 거기에 돼지고기를 끼운 형태다. 마치 똥퍼러우東波肉동파육를 빵 안에 끼운 것 같다고나 할까. 두툼한 삼겹살에 싼차이酸菜산채를 그득 넣은 꽈빠오는 워낙 두툼하고 튼실해 하나만 먹어도 든든한 야식이 될 수 있다.

란지아꽈빠오는 아주 허름한 호떡집처럼 생겨 관광객은 아무 생각 없이 지나치기 쉽지만 사실 25년의 역사와 전통을 가진 유명 꽈빠오 집이다. 이 집은 대학가 앞에 있고 인기가 많기 때문에 식은 꽈빠오가 아닌 방금 만들어진 따끈한 꽈빠오를 먹을 수 있다는 게 가장 큰 장점이다. 일반 만두보다 훨씬 쫄깃한 꽈빠오 빵은 부드러운 육질과 찰떡궁합을 이뤄 한번 베어물면 계속 먹게 만드는 마약 같은 매력이 있다.

다섯 종류의 고기 옵션이 있다. 물론 고기의 종류는 돼지고기로 똑같다. 다만 비계와 살코기의 양이 다섯 종류로 디테일하게 다르다. 즉 (오직 비계(肥肉 : 페이러우), 오직 살코기(瘦肉 : 써우러우), 비계 많이 살코기 조금(綜合偏肥 : 쫑허피엔페이), 살코기 많이 비계 조금(綜合偏瘦 : 쫑허피엔써우), 비계 반 살코기 반(綜合 : 쫑허))의 경우의 수를 조합해 입맛에 맞는 꽈빠오를 만들수 있는 셈이다. 처음 이곳을 방문한다면 우선 비계와 살코기를 정확히 반반으로 넣은 쫑허(綜合)부터 먹어보기를 권한다. 살코기의 빽빽한 육질과 비계의 사르르 녹는 부드러움이 입안에서 절묘한 하모니를 이루는 것을 체험할 수 있기 때문이다.

한 번 맛보면 하나만 먹을 수 없는

# 하오하오웨이
# 강쓰퍼뤄빠오
## 好好味港式菠蘿包
호호미항식파라포

### INFO

**ADD** 台北市大安區龍泉街9-1號
**TIME** 12:00~23:00
**Google Map**
25.024860, 121.529404

이 버터소보로의 원조는 대만이 아니라 홍콩이다. 버터소보로를 만든 대표는 대만에서 다년간 파견생활을 하면서 대만 사람들이 싼 가격에 홍콩음식을 접할 수 있으면 좋겠다고 생각했다. 이후 홍콩의 어떤 음식을 대만에 소개할까 고민한 끝에, 홍콩에서 오후 간식으로 가장 널리 환영받는 '퍼뤄빠오' 체인점을 선택했다.
그리고 2006년, 스다야시장 골목에 '하오하오웨이강쓰퍼뤄파오(好好味港式菠蘿包)'라는 간판을 걸고 버터소보로를 판매하기 시작했다. 그리고 오래지 않아 그 맛이 전국을 강타하며, 현재는 대만을 대표하는 간식으로 명성을 떨치는 중이다.

스다야시장에서 꼭 먹어봐야 할 마성의 간식이 있다면 그것은 단연 삥훠뿌어뤄빠오冰火菠蘿包빙화파라포다. 따뜻한 소보로빵 안에 버터를 끼운 이 간식은 언뜻 들었을 때는 그저 느끼한 소보로일 것 같으나 입안에 넣는 순간 황홀경을 맞는다. 이 소보로를 처음 접한 한 지인은 첫입에 '음, 평범한 소보론데 뭐 별거라고' 싶다가 두번째 입에 '이 소보로 좀 특이한데'라 생각하다가 세번째 입에 '이 소보로 진짜 맛있네!' 감탄하고는 아무 생각 없이 흡입하고, 마지막 조각을 넘기기도 전에 다시 이 소보로를 사러 발걸음을 돌렸다고 한다. 그만큼 한 번 먹으면 꼭 다시 줄을 서게 만드는 마성의 소보로다.

비주얼도 범상치 않다. 일단 소보로의 포슬포슬한 껍질은 반지르르 윤기가 살아있다. 베어물면 소보로 껍질의 바삭한 달달함과 소보로 속살의 보들보들한 식감이 대비가 되며 입안에서 살살 녹는다. 따뜻하고 달달한 소보로라, 듣기만 해도 맛있다. 그런데 이 소보로의 하이라이트는 바로 그 안에 들어있는 버터다. 보통 버터소보로라고 하면 버터 향이 가미된 소보로라 생각하기 쉬운데, 여기는 소보로를 반을 갈라 그 안에 버터 조각을 끼워준다. 보통은 따끈한 소보로의 온기 때문에 버터가 녹아버릴 거라고 생각하지만 버터가 아주 차갑기 때문에 쉽게 녹지 않는다. 소보로를 베어물면 안에 있는 차가운 버터도 함께 씹히는데 따뜻하고 촉촉한 소보로와 차갑고 딱딱한 버터의 식감 대비가 일품이다. 그러면서도 달달한 빵과 약간은 짭쪼름한 버터 맛도 대비되는데 이 또한 버터소보로를 매력적으로 만든다.

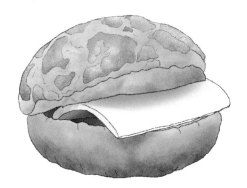

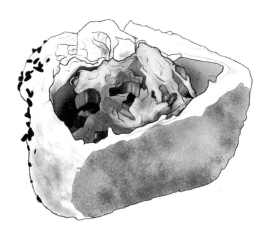

## INFO

**ADD** 台北市中正區汀州路三段195號
**TIME** 05:00~22:00
**Google Map**
25.014545, 121.533101

30년 전통의 이 집은 대학가 앞에 있어 가격이 매우 저렴하다. 보통 레스토랑에서 파는 샤오롱바오의 가격이 부담스러울 때 여기서 그 대체재로 먹어봐도 좋겠다.

대만에 가면 샤오롱빠오小籠包소롱포 한판씩은 꼭 먹어줘야 한다. 그러나 상황이 여의치 않아 샤오롱빠오를 먹지 못했을 때 대체재로 추천하는 야식이 바로 려우찌아쉐이젠빠오劉家水煎包유가수전포다. 물론 이곳의 만두는 완벽한 샤오롱빠오는 아니다. 샤오롱빠오가 작은 한입 크기에 찜기에 찐 만두에 가깝다면, 이곳의 만두는 기존 샤오롱빠오보다 빵이 훨씬 크고 두꺼우며 구운 만두다. 하지만 한편으로는 샤오롱빠오처럼 안에는 촉촉함이 살아있고 고기소의 식감 역시 보드라워 샤오롱빠오 대체재로 손색이 없다.

쉐이젠빠오水煎包수전포의 종류는 돼지고기만두인 시엔러우鮮肉선육, 부추만두인 져우차이韭菜구채, 양배추만두인 까오리차이高麗菜고려채가 있고, 찐만두 쩡쟈오蒸餃증교의 종류로는 돼지고기와 팥인 홍떠우紅豆홍두가 있는데 한국사람이 먹기에는 돼지고기인 시엔러우가 가장 적절하다. 고기가 풍성하게 들지는 않았지만 고기의 간 자체가 맛있어서 밸런스가 좋으며, 베어물었을 때 쉐이젠빠오의 촉촉함이 일품이다. 스다 야시장에서 입이 심심할 때 하나씩 쏙쏙 먹기 딱 좋은 만두야식이다.

# 티엔샤뿌우
## 天下佈武
천 하 포 무

### INFO
---

**ADD** 台北市大安區師大路50號
**TIME** 7:30~24:00
**Google Map**
25.024635, 121.528249

르웨탄으로 만든 홍차는 이뿐이 아니다. 우리에게도 밀크티 브랜드로 유명한 삼분일각에서도 이벤트 상품으로 르웨탄 삼분일각을 출시했을 뿐 아니라 다른 대만의 홍차 브랜드에서도 르웨탄을 콘셉트로 내건 제품을 많이 출시했다. 홍차를 좋아하는 사람은 르웨탄이 포함된 일정을 짜서 이 호수마을에 직접 방문해봐도 좋겠다.

대만에는 호수로 유명한 르웨탄日月潭일월담이라는 여행지가 있다. 맑은 물 덕분인지 여기 홍차는 전국적으로 유명해 대만의 유명밀크티 브랜드 삼분일각에서도 르웨탄 홍차라는 콘셉트로 밀크티 제품을 출시하기도 한다. 그리고 스다야시장에는 르웨탄 홍차를 테이크아웃으로 맛볼 수 있는 가게가 있다. 가게 이름은 티엔샤뿌우天下佈武천하포무다.

실제 이곳의 홍차 맛은 다른 홍차와 미묘하게 다르다. 일단 씁쓸하지 않고 굉장히 부드럽다. 또 보통 홍차의 쓴맛을 덮기 위해 옥수수과당을 넣는데 여기서는 오직 설탕만으로 맛을 내 자극적으로 달지 않다. 한마디로 전반적으로 은은하면서도 부드러운 홍차인 셈이다. 일반적인 나이차 전문점처럼 5위안약 200원에 펄을 추가해 먹을 수도 있는데 허니펄과 흑설탕펄 중에 고를 수 있다. 허니펄을 추가할 경우 홍차에 달달한 꿀향이 첨가되며 감칠맛이 배가되니 달달한 맛을 좋아하면 허니펄을 추가해도 좋겠다. 참고로 이곳은 차가운 온도, 뜨거운 온도 외에 미지근한 온도도 선택할 수 있는데 홍차 본연의 맛을 즐기기에는 미지근한 맛이 제격이다.

스다야시장을 다니다보면 재미난 풍경을 만날 수 있다. 바로 가게 앞에 삼삼오오 모인 젊은이들이 마치 빨간 목욕탕 바구니 같은 것에 꼬치를 담는 모습이다. 이렇게 담긴 꼬치는 잠시 뒤 맛있는 향을 내며 봉지에 담겨 배달되고 사람들은 받아들자마자 이쑤시개로 야금야금 먹으며 걸어간다.

이곳의 정체는 이엔쑤지鹽酥雞염소계를 파는 가게다. 이엔쑤지를 직역하면 '짭짤하고 바삭한 닭'이라는 뜻인데 닭이 메인이기는 하지만 오징어, 두부, 강낭콩줄기 등 다양한 재료를 튀긴다.

5분 정도 기다리면 마침내 봉투 안에 직접 고른 이엔쑤지들이 담겨서 건네지는데 매콤한 냄새가 코를 자극한다. 실제로 먹어보면 마늘과 후추 맛이 강한데 간을 꽤 짭짤하게 해 맥주를 부른다. 매일 기름을 바꾸는 덕에 기름의 찌든 내가 나지 않고 적당히 바삭하다. 튀김만 먹으면 맛이 찌파이와 유사하기도 한데 결정적으로 다른 것은 바로 닭튀김의 질이다. 보통 찌파이의 살이 다소 딱딱하고 얇은 반면, 이곳은 아주 두툼하고 쫄깃한 닭가슴살을 써서 더욱 우리 입맛에 맞는다. 계속 먹다보면 조금 짤 수도 있는데 이때 편의점에서 산 맥주를 한 모금 들이키면 그런 환상의 궁합이 없다.

여담이지만 이곳의 졸업생들은 스다야시장 먹거리 중 이엔쑤지의 맛을 가장 그리워한다고 한다. 당신도 이엔쑤지를 한번 먹어보면 한국에 돌아와서 두고두고 생각날지도 모르니 기회가 닿는다면 이엔쑤지에서 갖가지 튀김을 실컷 먹어두자. 많이 아쉬워하지 않도록.

두고두고 그리워지는 맛

# 스위엔 이엔쑤찌
## 師園鹽酥雞
사원 염소 계

## INFO

**ADD** 台北市大安區師大路39巷14號
**TIME** 15:00～00:00
**Google Map**
25.024594, 121.528966

스다야시장에는 이엔쑤지를 파는 가게로 스위엔이엔쑤찌가 원조로 30년이 넘은 노포이기도 하다. 이 집에서 파는 닭고기는 다른 집들과 다르게 뼈가 없고 잡은 지 세 시간도 안 되는 국산닭을 사용하여 매우 신선하다. 따라서 이 집에서는 닭고기는 무조건 바구니에 담고보자. 그 다음 가판대에서 무엇을 집을지 고민되면 일단 눈치껏 사람들이 집는 걸 같이 고르면 되는데 한국사람들이 가장 만만하게 먹기 좋은 것은 오징어나 두부니 이것 역시 같이 담자. 그 다음 이 빨간바구니를 주인에게 건네고 튀겨지는 것을 기다리면 된다.

# 寧夏夜市
## 닝샤야시장

**닝샤야시장 STORY**

닝샤야시장은 평소에는 차가 다니는 초등학교 앞 한적한 거리지만 밤만 되면 점포를 끌고와 번쩍거리는 야시장거리로 변신하는 곳이다. 타이베이에는 야시장이 많지만 가장 야시장다운 야시장을 즐기고 싶다면 단연 닝샤야시장이다. 다른 야시장이 상권과 야시장이 합쳐진 넓은 형태라면, 닝샤야시장은 오로지 야시장 점포만 뭉쳐 있기 때문이다. 따라서 야시장을 처음 접하는 사람들이 대만 야식을 가장 효율적으로 맛보고 싶다면 이곳을 추천한다. 또 지리적으로 타이베이 기차역台北車站과 디화지에迪化街, 시먼딩西門町 중간에 위치해 있어 접근성도 좋다. 그러나 MRT 쑹산 역에서 내려서 꽤 걸어야 한다.

닝샤야시장의 개장시간은 점포마다 각기 다르나 일반적으로 저녁 5시부터 11시까지 운영한다. 그러나 오픈형 노상점포라 태풍이 왔을 때는 아무 점포도 열지 않으니 기상상태에 주의해야 한다. 또 가끔은 점포의 위치가 바뀌고 어떤 날에는 참여하지 않는 점포도 있다.

**닝샤야시장 메뉴 TIP**

닝샤야시장의 메뉴를 고르는 팁은 별게 없다. 그냥 사람들이 많이 서는 점포 앞에 서면 100% 성공이다. 그러나 전반적으로 닝샤야시장은 소화하기 무거운 메뉴가 많다. 하루에 한 가지 메뉴만 먹는 타이베이 사람에게는 별 부담이 없는 야식메뉴지만 그날 하루에 모든 야식메뉴를 클리어해야 하는 절박한 관광객에게는 무수한 야시장 메뉴 중 하나를 선택하기가 매우 어려울 것이다.

그래서 무거운 튀김 종류와 가벼운 디저트 종류를 적절히 섞어가며 나눠먹는 게 좋다. 튀김 종류에서 가장 줄이 길고 유명한 메뉴는 바로 려우위자이의 타로튀김이다. 약간 떡을 튀긴 듯한 식감의 타로튀김은 한국에서 먹어보지 못한 맛이다. 다소 느끼할 수 있기 때문에 음료와 함께 먹는 것은 필수다. 타로튀김을 먹었으면 그 뒷집인 린찌마슈에서 마슈빙수로 입가심해보자. 마슈빙수 역시 땅콩과 검은깨를 갈아넣은 고소하고 달달한 맛이 일품이다. 그 뒤에는 찌파이나 조개관자구이 등 다른 메뉴를 입맛에 맞게 먹다가 마지막은 구자오웨이또우화에서 깔끔한 두부푸딩으로 마무리하면 좋다. 닝샤야시장 투어에는 식전 메뉴계획이 필수니 각자 치밀하게 짜보기를.

MRT쌍리엔역방향 ↗ N

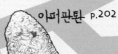

아마판퇀 p.202

←디화지에방향

구자오웨이
또우화
p.206

찌앙쯔찌파이 p.204

펑라이궈샤오

위엔환삐엔
p.205 으어자이지엔

하이시엔빼이 p.202

p.207 환찌마요우찌

린찌마슈 p.204

려우워자이 p.203

천더싱탕

↓MRT쫑산역방향

한국인이 닝샤야시장에
서 보편적으로 맛있게 먹
는 메뉴다. 조개관자살과 양
배추와 양파 등을 다져 마요
네즈로 버무려 조개껍질 속을
채운 다음 그 위에 체다치즈를 얹
어 불판에 구운 것이다. 맛은 한국 횟
집 스키다시에 나오는 콘버터와도 유사한데
조개관자살의 해산물 맛이 더해져 감칠맛이 강하
다. 마요네즈와 치즈가 버무려져 다소 느끼할 수 있지만 입에
서 감기는 부드러운 맛이 참 좋은 가벼운 야식이다. 불에 바
로 구운 거라 껍데기가 무척 뜨거우니 화상에 주의하자.

판퇀飯糰반단은 무말랭이, 쏸차이酸菜신채, 러우송肉鬆육송,
그리고 그날 튀긴 요우티야오油條유조를 밥 안에 넣고 동그랗
게 만든 주먹밥이다. 고소한 밥맛과 쏸차이, 무말랭이의 상큼
함과 요우티야오의 바삭함이 함께 느껴지는 게 매력이다.
닝샤야시장 북쪽 끝에 위치한 아퍼판퇀
阿婆飯糰아파반단은 30년 가까운 역사를
지닌 유명 판퇀 집이다. 2대째 성업중인
집으로 어머니의 맛을 내기 위해 2년이
라는 시간이 걸렸다고 한다. 특별한 재
료가 들어가는 것은 아니지만 재료 하
나하나가 신선해 든든한 한 끼로 손색
이 없다. 일본 매스컴에도 소개될 정도
로 인기 있는 맛집이라 언제 가도 늘 줄
이 길다. 하지만 역시 밥은 밥인지라 밤
에 야식으로 먹기에는 아무래도 부담스
러운 면이 있으니 여러 명이 하나를 나
눠먹는 게 좋다.

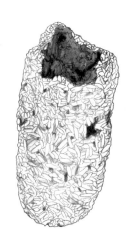

닝샤야시장에서 가장 인기 있는 야식이라 늘 줄이 길다. 한국에서 먹어보기 힘든 타로튀김을 파는데 먹어보면 이 긴 줄을 기다릴 가치가 충분하다고 생각할 것이다. 타로는 토란 같은 구황작물의 일종인데 한국에서도 타로밀크티라는 이름으로 타로를 맛볼 수 있다. 은은한 연보랏빛이 도는 타로에 전분을 섞어 쫄깃하게 만들어 떡처럼 먹기도 하는데, 닝샤야시장의 려우위자이劉芋仔유우자에서는 타로를 맛있게 튀겨준다.

이 집에는 두 가지 종류의 타로튀김이 있다. 하나는 기본적으로 타로만 넣어 튀긴 샹수위완香酥芋丸향소우환, 또 하나는 타로 반죽에 달걀노른자를 넣어 튀긴 딴황위빙蛋黃芋餅단황우병이다. 두 맛이 상이하게 달라 같이 시키는 게 좋다. 타로만 튀긴 것은 한국에서 먹는 흰앙금만쥬와 유사하나 겉을 바삭하게 튀겨 씹는 맛이 훨씬 좋다. 만약 찰떡 같은 식감을 좋아한다면 달걀노른자를 넣은 타로튀김을 추천한다. 달걀노른자의 고소함과 타로의 쫄깃함이 묘하게 조화를 이루는데 어디서도 먹어보지 못한 독특한 맛이다. 사실 튀김이라 포만감이 과하게 들 수 있으니 닝샤야시장에서 다양한 야식을 먹어보고 싶으면 양을 조절해서 먹도록.

닝샤야시장 최고 인기의 타로튀김

# 려우위자이
## 劉芋仔
류 우 자

### INFO

**ADD** 台北市大同區寧夏路14號
**TIME** 11:00~22:00
**Google Map**
25.055954, 121.515389

## 데리야키 맛의 양념치킨

# 찌앙쯔찌파이
### 醬汁雞排
장즙계배

## INFO

**ADD** 台北市大同區寧夏路52號
**TIME** 12:00~23:00
**Google Map**
25.056461, 121.515390

## 마슈로 만든 달콤한 견과류 빙수

# 린찌마슈
### 林記麻糬
임기마서

## INFO

**ADD** 台北市大同區寧夏路35號
**TIME** 17:00~01:30
**Google Map**
25.056291, 121.515422

마슈란 일본의 모찌같이 쫄깃한 찹쌀떡
을 의미하는데 대만에서는 마슈 위에
주로 간 땅콩을 뿌려먹는다.
혹자는 '딴수이의 땅콩아이스크림을 빙
수로 만든 맛' 또 다른 이는 '부산 승기
호떡을 빙수로 만든 맛'이라고 표현했는
데 어떤 표현이든 다 적절하다.

보통 대만 찌파이라고 하면 프라이드치킨 같이 바삭하게 튀
긴 것을 생각하지만 대만 야시장에도 양념치킨 같은 것을 파
는 곳이 있다. 찌앙쯔찌파이醬汁雞排장즙계배가 그 주인공인
데, 겉보기에도 한국의 양념치킨을 납작하게 편 것 같다. 찌
앙쯔찌파이는 숯불에 직접 정성스럽게
구워주는데 겉은 녹녹하면서 안은 닭
고기 속살이 튼실해 촐촐할 때 야식으
로 딱이다. 맛은 한국 양념치킨과 유사
하지만 데리야키소스 맛이 진해 한국
양념치킨보다 더 달콤한 편이다. 다 구
워진 찌앙쯔찌파이는 먹기 쉽게 길게
썰어주는데 이쑤시개로 하나하나 찍어
나눠먹는 재미가 쏠쏠하다.

린찌마슈는 한국인 사이에서 닝샤야시장 베스트 5에 꼽히
는 인기 야식집이다. 이 집의 메인메뉴는 마슈빙수인 마슈삥
麻糬冰마서빙과 구운마슈인 샤오마슈燒糬冰소서빙인데, 겨울
이나 여름이나 최고 인기 아이템이 바로 마슈빙수다. 마슈빙
수는 간 얼음 위에 잘게 자른 마슈를 놓고 그 위에 간 땅콩과
검은깨 둘 중 하나를 골라 뿌려 먹는다. 겉보기에는 밋밋할
것 같아도 마슈 위에 땅콩가루와 설탕 그리고 연유를 듬뿍 뿌
려 꽤나 달콤한 견과류빙수가 완성된다. 특히 떡이 굉장히 쫄
깃하고 맛있어 나중에는 일행 사이에서 잘게
잘린 떡을 골라 먹기 위한 눈치작전이 치
열해진다. 참고로 잘 섞어먹지 않으면
설탕과 땅콩가루가 뿌려진 빙수 윗
부분은 맛있게 먹고 밑으로 갈수
록 얼음만 먹게 되는 불상사가
벌어지니 마슈빙수를 먹을
때는 처음부터 잘 섞어먹도
록 하자.

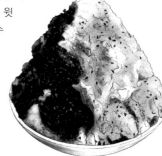

이번에 소개할 야식은 대만식 굴전인데, 사실 이 굴전은 이름도 이상하다. 무려 으어아지엔蚵仔煎허자이지엔의 대만방언이다. 그런데 맛도 이상하다. 혹자는 이를 콧물 맛이라 표현했다. 한국의 바삭한 굴전을 생각했다가는 호되게 당할 수 있으니 정말 궁금한 사람만 먹어보기!

일단 으어아지엔은 굴과 함께 고구마전분과 달걀, 채소를 넣어서 만든다. 한국에서는 전분가루에 밀가루를 섞어 굴전이 바삭한데 여기는 고구마전분을 섞어 굴전이 다소 흐물하다. 사실 이 정도까지는 그냥 덜 익힌 굴전이라 생각하고 먹으면 된다. 그런데 문제는 굴전 위에 뿌려진 수상쩍은 소스다. 이 소스는 티엔미엔장甜麵醬첨면장소스인데 영어로 'Chinese Sweet Chilly Sauce'라고도 한다. 헌데 서양식 칠리소스와 다르게 맛이 훨씬 시큼하다. 마치 돈가스소스에 케찹소스를 섞은 맛인데, 이 새콤한 소스와 고소한 굴전은 별로 어울리지 않는 것 같다. 전반적으로 전과 소스가 모두 흐물거리고 시간이 지나면 마구 뒤섞이는데 나중에는 굴이 든 찹쌀떡을 케찹에 찍어먹는 것 같다.

그러나 이 굴전은 대만사람의 넘버원 야식으로 손꼽히니 대만 야식문화를 제대로 체험하고 싶다면 한 번 정도는 시도할 만하다. 특히 위엔환삐엔으어아지엔圓環邊蚵仔煎원환변가자전은 50년이 되어가는 닝샤야시장의 터줏대감 집으로 닝샤야시장의 3대 으어아지엔 집 중 하나다. 굴이 다른 점포보다 큼지막한 것으로 유명해 언제나 기다리는 줄이 길고 자리도 없어 항상 낯선 사람과 합석해야 한다. 부디 당신 입에는 이 으어아지엔이 잘 맞기를.

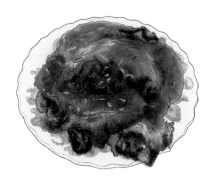

대만식 굴전, 그 맛은?

# 위엔환삐엔
# 으어아지엔
## 圓環邊蚵仔煎

## INFO

**ADD** 台北市大同區寧夏路46號
**TIME** 18:00~02:00
**Google Map**
25.056406, 121.515283

# 구자오웨이 또우화

## 古早味豆花

고 초 미 두 화

**INFO**

**ADD** 台北市大同區民生西路210號
**TIME** 평일 10:00~01:00,
토일 및 공휴일 10:00~02:00
**Google Map**
25.056920, 121.515077

구자오웨이는 닝샤야시장 메인거리 북쪽 큰길가의 점포로 약20년가량 된 또우화 집이다. 구자오웨이는 중국어로 옛맛이라는 뜻이 있는데, 이름에서 알 수 있듯 옛날 대만에서 즐겨먹던 또우화의 맛을 온전히 간직하고 있다. 특히 이 집의 땅콩토핑또우화는 땅콩을 푹 익혀 고소하게 씹는 맛이 부드러운 또우화와 묘하게 잘 어울린다. 이 집의 땅콩또우화 한 접시면 다른 야식의 느끼함이 개운하게 사라지니 꼭 닝샤야시장의 마지막 코스로 이 집을 남겨두자.

닝샤야시장에서 야식을 맛있게 흡입하다 보면 속이 느글거리는 순간이 한 번은 찾아온다. 야식이라는 것이 대부분 고기나 튀김 종류라 웬만해서는 야식 몇 개를 먹고나면 그 느끼함에 쉬이 물려버린다. 이때 편의점에서 맥주를 사서 벌컥벌컥 마실 수도 있지만, 개인적으로 추천하는 방법은 입을 개운하게 해주는 대만 전통 디저트를 먹는 것이다. 물론 디저트라고 해서 케이크 같은 진한 크림 베이스 디저트가 아니다. 이 디저트의 정체는 바로 개운한 두부다.

두부가 디저트라고? 의아해할 사람이 있을 텐데 대만에서는 식후에 연두부를 디저트처럼 후루룩 먹곤 한다. 콩국물이라 부르는 또우장豆漿두장에 연두부를 풀어서 만든 것인데 우리가 생각하는 밍밍한 연두부가 아니라 설탕을 첨가해 마치 푸딩처럼 달달하게 만든 연두부다. 예상과 달리 두부의 콩맛이 강하지 않아 두부를 별로 좋아하지 않는 사람도 먹을 수 있다. 식감도 보들보들해 한입에 호로록 먹히는데 고소함과 달달함이 입안에서 머물어 계속 흡입하다보면 금세 바닥이 드러난다. 배가 부른데도 뭔가 아쉬워 1인 1또우화를 해도 후회하지 않는다.

대만에는 스테이크, 굴전 등 별걸 다 야식으로 먹는데, 유별난
야식 중 하나가 바로 닭백숙, 마요우찌麻油雞마유계다. 사실
닭백숙을 야식으로 먹는다고 해서 뜨악할 건 없다. 우리는 닭
을 튀긴 치킨까지 아무렇지 않게 야식으로 먹지 않는가. 마찬
가지로 대만사람 역시 출출할 때 삶은 닭백숙을 먹는다. 심지
어 마요우찌는 중국 명나라를 세운 주원장조차 즐겨먹었다고
하니 마요우찌는 꽤나 유서 깊은 대만 야식인 셈이다.

가장 대표적인 마요우찌 맛집이 바로 닝샤야시장의 환찌마
요우찌環記麻油雞환계마유계다. 1945년부터 영업을 시작해 현
재는 3대째 이어왔으며 늦은 밤에 가도 늘 사람으로 북적인
다. 사실 마요우찌는 호불호가 갈릴 수 있다. 한국처럼 소금으
로 간을 한 닭백숙이 아니라 참기름을 듬뿍 묻힌 닭백숙이기
때문이다. 닭백숙을 받는 순간 고소한 참기름 향이 화악 코를
찌르는데, 닭 자체에서 나온 기름과 참기름이 뒤섞여 다소 느
끼하다고 느낄 수도 있다. 그러나 다행히도 생강으로 간을 해
느끼함은 많이 상쇄되고 닭고기는 생각보다 실하기 때문에
진정한 닭 마니아라면 한번쯤 시도해볼만하다.

야식으로 먹는 참기름 닭백숙

## 환찌마요우찌
### 環記麻油雞
환 기 마 유 계

## INFO

**ADD** 台北市大同區寧夏路44號
**TIME** 12:00~02:30(월요일 휴무)
**Google Map**
25.056264, 121.515197

보통 닝샤야시장이 노상점포 형태로 있
는 반면, 환찌마요우찌는 2층건물을 통
째로 사용하고 있는 번듯한 가게다. 1층
에서 주문하고 2층에서 기다린다.

# 淡水
# 딴수이

**딴수이 관광 POINT**

딴수이는 타이베이 근교에 위치한 관광지다. 마치 서울사람이 인천에 놀러가듯, 타이베이 사람들은 이따금씩 주말에 바다를 보러 딴수이로 놀러가곤 했다. 그러나 과거에는 교통이 불편해 찾아가기 힘들었으나, 지하철이 개통되며 타이베이에서 1시간 안에 도착할 수 있게 되었다. 한국사람에게도 딴수이는 영화 〈말할 수 없는 비밀〉의 촬영지이자 영화배우 주걸륜周杰倫이 학창시절을 보낸 곳이기도 하다.

주로 한국사람은 바닷가의 일몰을 보러 저녁 즈음에 딴수이로 출발하는데 아침에 가서 자전거를 빌려 시내투어를 해도 좋은 곳이다. 딴수이는 과거에는 항구도시로서 무역과 외교에 중요한 역할을 하던 곳이라 외국식 건물과 사찰, 오래된 거리 등 고풍스러운 유적지가 많다. 이 관광지를 쭉 훑고 평온한 동네분위기를 만끽하며 바닷가를 구경하는 것도 딴수이 여행의 매력이다.

**딴수이 식도락 TIP**

딴수이는 오래된 도시인만큼 간식이 트렌디하기보다는 전통적이다. 특히 바닷가라 어묵이나 유부처럼 해산물 재료를 사용하는 곳이 많다. 한국 가이드북에는 '대왕오징어'를 딴수이 명물로 소개하고 있는데 이뿐 아니라 대만식 유부주머니인 '아케이阿給'와 어묵인 '위완탕魚丸湯'을 재미삼아 먹어봐도 좋겠다. 또 2016년 현재 한국 홍대 등지에서 유행하고 있는 '딴수이 카스테라'의 원조를 먹어보자. 한국의 그것과 맛은 별다를 바 없지만 원조를 먹어보는 것만으로도 충분히 의미있다. 한편 딴수이에서는 '하웨이싱런차哈味杏仁茶'라는 아몬드차와 농도가 아주 진한 산메이탕酸梅湯을 맛볼 수 있다. 보통 타이베이에서는 밀크티만 먹다 여행을 마무리하는데 이 이색적인 차를 마시면 대만미식의 새로운 맛에 눈뜰 수 있을 것이다.

아마더산메이탕 p.212

위엔웨이번푸
구자오웨이
씨엔카오딴까오 p.213

선착장

딴수이위엔화아케이
p.215

이퍼티에딴 p.214

푸여우궁

딴수이거리

딴
수
이

산시예청 p.211

하웨이싱련차 p.210

↘딴수이역방향

# 하웨이싱런차
## 哈味杏仁茶
### 하미행인차

## INFO

**ADD** 新北市淡水區公明街76號
**TIME** 월~금 11:00~20:00,
토, 일 10:00~22:30
**Google Map**
25.169416, 121.442500

대만에서는 두부디저트를 많이 먹는다. 보통 콩으로 만든 두부를 많이 사용하는데 하웨이싱런차에서는 특이하게 아몬드로 만든 두부다. 그래서 더욱 고소하고 견과류 향이 확 느껴진다. 그러나 기름이 많은 아몬드로 만든 만큼 다소 느끼할 수 있으니 하나만 사서 나눠먹어보기를 추천한다.

하웨이싱런차哈味杏仁茶 하미행인차는 아몬드차인 싱런차杏仁茶행인다를 메인으로 판매하는 점포다. 견과류를 갈아서 만든 차라 율무차처럼 걸쭉할 거라고 예상할 수 있는데 생각보다 맑고 청량해 무겁지 않게 즐길 수 있다. 한편으로는 아몬드의 고소함도 있어 가볍게 오가며 마시기 딱 좋다. 테이크아웃으로 따뜻한 것과 시원한 것 중에 고를 수 있는데 날씨에 따라 취향껏 고르면 된다. 참고로 아몬드는 따뜻한 성질을 갖고 있어 몸이 찬 여성이 따뜻한 아몬드차를 마시면 금세 몸이 덥혀진다.

아몬드차 외에도 시도해볼 메뉴가 바로 아몬드두부 싱런또우푸杏仁豆腐행인두부다. 아몬드두부는 마치 푸딩처럼 입에서 호로록 감기는데 첫입은 심심할지 몰라도 끝맛에서 아몬드의 고소함이 느껴진다. 길거리나 식당에서 느끼한 것을 먹고 후식으로 입가심하기 딱 좋은 메뉴. 아몬드두부를 사면 검은깨로 만든 소스를 동봉해주는데 검은깨의 구수한 향을 좋아한다면 뿌려 먹는 것을 추천하나, 다소 느끼할 수 있으니 조금만 뿌려 미리 입맛에 맞는지 테스트해보는 게 좋다.

만약 대만에 여행 가서 일반적인 펑리수가 아니라 대만 전통의 느낌이 살아있는, 뭔가 색다른 과자선물을 사고 싶다면? 그러면서도 맛이 보장되고 합리적인 가격을 원한다면? 답은 바로 딴수이淡水<sup>담수</sup>의 산시에청三協成<sup>삼협성</sup>에 있다.

산시에청은 다양한 중국 전통병과를 판매하는데 가장 대표적인 과자가 바로 벚꽃 모양의 전통병과인 잉화빙櫻花酥<sup>앵화병</sup>이다. 일본에서도 벚꽃 맛을 모티브로 한 과자가 많은데 그와는 느낌이 사뭇 다르다. 일본의 벚꽃과자가 가볍게 벚꽃 향만 담고 있다면, 이곳은 벚꽃 맛이 좀더 묵직하다. 벚꽃병과는 벚꽃잼을 꾸덕하게 만들어 과자 안에 가득 필링해놓았는데 벚꽃의 향기로운 맛과 병과의 고소한 맛이 제법 잘 어울린다. 마치 펑리수 벚꽃 버전이라고 보면 되는데 일본과 중국의 중간 느낌을 갖고 있는 대만의 아이덴티티가 확실히 살아있는 과자라 할 수 있다.

만약 선물하는 상대가 조금 더 장난을 쳐도 되는 편한 사람이라면 소고기 병과인 녀우러우쑤牛肉酥<sup>우육소</sup>도 좋다. 이 병과 역시 시식해볼 수 있는데, 펑리수 같은 과자 안에 잼이 있는데 그 맛이 우육면 맛이라고 생각하면 된다. 병과는 정말 우육면처럼 안에 고기를 다져넣었는데 마치 매콤한 미트파이를 먹는 것 같다. 생각보다 꽤 우리 입맛에도 맞아 만약 이색 선물을 준비한다면 재미있는 선택이다.

패키지도 나름 대만의 전통적인 느낌이 살아있어 펑리수 선물이 지겹다면 한번쯤 시도하기에 괜찮은 이색 전통과자다.

예쁘고 재미있는 대만 전통과자

## 산시에청
### 三協成
삼 협 성

#### INFO
***

**ADD** 新北市淡水區中正路8號
**TIME** 07:30~21:00
**Google Map**
25.169639, 121.440722

산시에청은 그 뿌리가 1935년까지 거슬러 올라가는 대만의 오래된 전통과자점이다. 현재 2대째 그 비법이 전수되어 내려오는데 점포의 허름한 외관부터 그 느낌이 심상치 않다. 마치 시간을 거슬러 한국의 1980년대 오래된 빵집에 들어온 느낌이랄까. 그래더 여기의 가장 큰 장점은 바로 시식이다. 인심 좋게 뚝뚝 썰어주는 각종 과자들을 다양하게 맛보고 구매하면 되니 맛 선정에 실패할 이유가 없다.

엄마의 정성으로 만든 매실차

# 아마더
# 산메이탕
## 阿媽的酸梅湯
아마 적 산 매 탕

## INFO

**ADD** 台北縣淡水鎮中正路135-3號
**TIME** 10:00~22:30
**Google Map**
25.170390, 121.439107

참고로 쓴맛을 싫어하는 어린이 입맛의
소유자는 이곳 산메이탕이 영 입에 맞
지 않을 것이기 때문에 본인 취향을 정
확히 파악해 주문하기 바란다.

대만에서 산메이탕酸梅湯산매탕은 마치 한국의 아메리카노처
럼 식후에 먹는 대중적인 차다. 한약재와 매실차를 섞은 산메
이탕은 맛도 아메리카노처럼 집집마다 판이하게 다른데 딴수
이의 아마더산메이탕阿媽的酸梅湯 아마적산매탕은 아메리카노
라기보다는 에스프레소에 가까운 맛이다. 그 말인 즉 다른 집
의 산메이탕에 비해 맛이 굉장히 진하다는 뜻이다. 보통 산메
이탕이 가벼운 매실차라면 여기는 마치 한약 같다. 이 집 주
인은 어렸을 적 어머니가 해주시던 산메이탕을 잊지 못해 '엄
마의 산메탕아마더산메이탕'이라는 이름으로 딴수이에 점포를 차
렸는데 과연 어머니가 손수 끓인 맛답게 건강에 좋은 맛이다.
실제로 이 집은 정말 엄마가 산메이탕을 끓여주는 것처럼 정
성을 다한다. 3개월 동안 서늘한 곳에서 말린 매실과 히비스
커스, 국화, 박하 등의 재료와 다양한 한약재를 함께 옹기에
담아 약불로 달여 만든다. 진짜 몸에 좋은 한약이 따로 없다.
그래서 이곳의 산메이탕을 먹으면 가벼운 차가 아니라 약을
먹었다는 느낌이 강하다. 실제 산메이탕 효능이 바로 소화인
데 딴수이에서 과식했을 때 이 산메이탕을 먹으면 까스활명
수가 따로 없을 만큼 속이 뻥 뚫린다.

딴수이 거리를 걷다보면 빵순이의 눈을 사로잡는 무언가가 있다. 그것은 바로 테이블을 덮을 만큼 거대한 크기의 카스텔라다. 갓 구워진 거대 카스텔라는 뽀얀 김과 달콤한 버터 향을 내뿜으며 사람들을 유혹하는데, 아니나 다를까 이 카스텔라를 본 사람들은 누구나 홀린 듯 카스텔라 앞에 줄을 서게 된다. 그리고 갓 구워진 카스텔라는 뽀송한 단면을 보이며 네모 반듯하게 잘려 사람들 앞으로 배달된다.

사실 이 카스텔라 맛은 한국 체인점 빵집에서 파는 카스텔라와 유사하여 특이점이 없다. 하지만 카스텔라 자체가 막 구워져 매우 따뜻하기 때문에 더욱 부드럽고 포실하다. 반면 식으면 그냥 슈퍼에서 파는 평범한 카스텔라가 되니 가급적 따뜻할 때 먹기 권한다.

길을 사이에 두고 똑같은 카스텔라를 파는 경쟁 집이 있는데 두 집 모두 자기네가 원조라고 주장한다. 허나 맛은 별 다를 바가 없으니 가급적 줄이 짧은 쪽에 서면 되겠다.

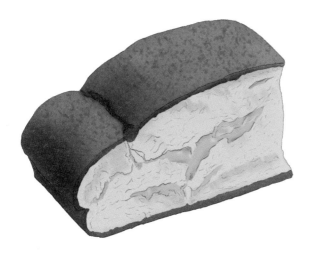

홍대에도 상륙한 대왕 카스텔라

# 위엔웨이
# 번푸구자오웨이
# 씨엔카오딴까오

源味本鋪古早味現烤蛋糕
원미본포고조마현고남고

## INFO

ADD 新北市淡水區中正路228-2號
TIME 07:30～21:00
Google Map
25.170534, 121.439274

참고로 2017년 현재, 우리나라 번화가의 간식거리에도 이 딴수이 대왕 카스텔라를 파는 점포가 들어왔다. 타이틀 자체를 '딴수이 카스텔라'로 내세웠는데 안에는 대만과 달리 생크림, 치즈 등이 들어있어 비슷하면서도 다른 맛을 낸다. 개인적인 입맛으로는 대만현지보다 재료가 다양하게 들어간 한국의 카스텔라가 더욱 맛있었다.

젤리 같은 메추리알

# 아퍼티에딴

## 阿婆鐵蛋
아 파 철 단

### INFO

**ADD** 新北市淡水區中正路135-1號
**TIME** 09:00~22:00
**Google Map**
25.170437, 121.439177

사실 티에딴을 만드는 과정은 우리가 생각하는 것보다 더 복잡하다. 간장은 일제 기꼬망 간장만 써야 하며 메추리알에 다양한 한약재와 간장을 넣어 3시간 동안 계속 약불로 달여야 한다. 그리고 은은한 바람에 건조시키는데 이 과정을 일주일 동안 반복해야 티에딴이 완성된다. 그리고 방부제를 전혀 넣지 않기 때문에 신선도를 위해 진공포장은 필수다.

티에딴鐵蛋철단은 딴수이의 명물이라 불리는 딴수이 대표 간식이다. 사실 티에딴의 외관은 작고 보잘것없다. 기껏해야 메추리알을 진공상태로 포장해놓은 것일 뿐이다. 그런데 한국의 메추리알과는 식감이 좀 다르다. 물론 한국처럼 간장으로 졸이기는 했지만 한약재 맛이 강하고 메추리알 겉이 딱딱하고 쫄깃하다. 그래서 메추리알을 먹는 게 아니라 마치 메추리알 젤리는 먹는 느낌이다.

티에딴 원조는 아퍼티에딴阿婆鐵蛋아파철단이라는 집인데 벌써 30년이 넘은 오래된 집이다. 본래 이 집은 60년대 초만 하더라도 도시락과 빵을 만들어 팔던 일반 음식점이었다. 어느 날 주인은 메추리알을 간장에 졸이는데 일이 너무 바빠 졸이던 메추리알을 잊어버리고 말았다. 나중에서야 졸여진 메추리알을 확인하니 너무 심하게 졸아 메추리알 흰자가 딱딱해졌는데 아이러니하게도 이 딱딱한 메추리알이 손님들의 열광적인 반응을 이끌어냈다. 그리고 나중에는 이 메추리알이 더 유명해져 이 집은 메추리알, 티에딴 전문점으로 새롭게 변신했다.

고작 손톱만한 메추리알 하나에 참 유구한 역사와 오랜 시간이 담긴 셈이니 과연 명물은 명물이다. 딴수이에 가서 이 유서 깊은 티에딴을 하나씩 집어먹으며 일몰을 즐기는 것도 딴수이 여행의 또다른 재미가 될 수 있지 않을까. 의외로 맥주 안주로도 쏠쏠하다.

앞서 소개한 티에딴鐵蛋<sup>철단</sup>과 함께 딴수이를 대표하는 먹거리 중 하나가 바로 아케이阿給<sup>아급</sup>다. 우리에게는 다소 낯선 아케이는 비주얼도 흉측하기 짝이 없다. 묘하게 뻘건 국물에 유부주머니가 쩌억 입을 벌린 채 동동 담겨 있다. 거기다 입구는 수상쩍은 흰색 무언가로 막혀 있는데 이게 뭔지 추측조차 할 수 없다. 먹는 방법 역시 기묘하다. 젓가락으로 가운데를 가르면 볶은 당면이 나오는데 이 짭쪼름한 당면과 유부를 함께 후루룩 먹는 시스템이다. 그런데 먹어보면 기대(?)와는 달리 맛이 평범하다. 유부를 막은 흰 무언가의 정체는 바로 생선으로 만든 흰 어묵이었고 빨간 국물은 이 집의 특제 소스라고 한다. 이 집은 직접 만든 티엔미엔장을 사용하는데 사실 케챂탕에 유부주머니를 담궈먹는 맛이라 한국사람 입맛에는 잘 맞지 않는다.

따라서 식사를 망치는 만일의 사태에 대비해 아케이와 더불어 시키면 좋을 것이 바로 생선으로 만든 위완탕魚丸湯<sup>완자탕</sup>이다. 어묵처럼 생선을 다져 동글게 만든 완자는 깜짝 놀랄 정도로 탱탱하며 안에 짭짤한 고기소도 들어있어 간도 적당하다. 어육의 밀도가 아주 충실해 하나만 먹어도 배가 부른데. 이 메뉴만큼은 누구나 맛있다고 느낄 것이다. 국물 역시 셀러리로 우려내 굉장히 깔끔한데 아케이의 볶은 당면을 한입 먹고 이 완자탕 국물을 후루룩 마셔도 궁합이 좋다.

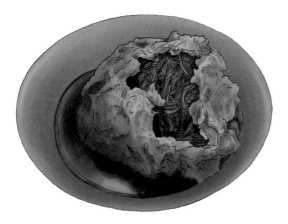

**무서운 모양, 무난한 맛**

# 딴수이원화 아케이

## 淡水文化阿給

담 수 문 화 아 급

### INFO

**ADD** 新北市淡水區中正路11巷4號
**TIME** 평일 06:00~19:00,
휴일 06:00~20:00
**Google Map**
25.170131, 121.438914

전반적으로 아케이는 한국사람 입에 잘 맞지 않지만 딴수이 최고 명물이니만큼 배가 부르지 않다면 한 번쯤은 시도해 봐도 좋겠다.

# 台灣大學
## 타이완대학

**타이완대학 메뉴 TIP & STORY**

아마 맛집책에서 타이완대학을 소개하면 고개를 갸우뚱할 사
람이 많을 것이다.

타이완대학교에 웬 맛집?

그러나 대만에서 가성비 좋게 먹으려면 국립대학인 타이완대
학만한 곳이 없다. 보통 대학교 식당가는 맛없다는 편견을 뒤
집은 타이완대학은 양도 많을뿐더러 가격도 저렴하고 맛까지
있다. 그야말로 학생복지를 실현하는 대학가 음식인 셈이다.
와플이나 크레페 같은 간단한 음식도 여기에는 한 끼 식사로
손색이 없을 정도로 양이 무척이나 많고 큼직한 치킨이 터억
올라가기도 한다. 또 타이완의 농생대에서 운영하는 농산품 가
게도 꼭 가보기를 권한다. 타이완농대에서 직접 집유한 타이완
대학 우유, 직접 농사지어 수확한 밀로 만든 타이완대학 빵은
맛을 떠나 경험만으로도 충분히 재미있다. 그리고 타이완대학
의 여자기숙사 식당의 학식을 점심으로 맛보는 것도 이색적이
다. 일반인이나 관광객에도 개방되어 있는 기숙사 식당의 학식
에서 대만 전통 가정식 반찬을 아주 저렴한 가격에 맛볼 수 있
다. 타이완대학에 방문하면 놓치지 말고 가봐야 할 핫플레이스
임이 틀림없다.

자오따오카페이 p.221

능업진열관

대학역사관　　　　문학관　　　　　화공계관

물리문물청

행정관

타이따농찬편
잔써우쫑신
p.218

샤오샤오푸
지에메이따찌파이
p.222

샤오무우쏭빙 p.219

7-ELEVEN

따이뉘써찬팅
p.220

제1대학원기숙사

타이따커리빙
p.223

 MRT꿍관역

# 타이따농찬핀
# 잔써우쫑신
## 台大農産品展售中心
타 대 농 산 품 전 주 중 심

## INFO

**ADD** 台北市文山區羅斯福路四段號
**TIME** 월~금: 07:30~19:00,
토, 일 및 공휴일 09:30~18:00
**Google Map**
25.015865, 121.538078

빵과 우유는 타이완대학 큰길 중간 즈음에 있는 타이완 농산품 판매센터에서 구매할 수 있다. 농산품 판매센터에서는 타이완대학 농장에서 직접 재배하고 가공한 농산품을 선보일 뿐 아니라 대만 각 지방의 우수한 농특산품을 엄선해 판매하기도 한다. 빵과 우유뿐 아니라 쌀, 케이크, 월병, 차, 요거트, 대만식 소시지, 사과우유, 두유 등 종류가 다양한데 하나같이 품질이 우수해 학생이나 교직원에게 큰 호응을 얻고 있다. 시간이 된다면 빵과 우유 외에도 여러 먹을거리를 쇼핑하는 것도 타이완대학 탐방의 쏠쏠한 재미가 될 것이다.

한때 한국에서 연세우유, 건국우유 등 대학 이름을 내건 우유가 열풍이었던 적이 있었다. 대학교 주도로 만든 우유라 더욱 신뢰감이 간다는 이유로 많은 학부모가 앞다투어 대학우유를 신청하곤 했다.

마찬가지로 대만의 서울대라 불리는 타이완대학교에서도 빵과 우유를 판매한다. 그것도 타이완농대 농장에서 직접 만드는 제품이니 적어도 건강한 품질만큼은 담보한다. 실제로 이곳의 빵은 유통기한이 단 하루다. 방부제를 일절 넣지 않았다는 소리다. 그러나 다소 슬프게도 맛은 평범하다. 소보로빵, 홍당무빵, 식빵, 초코빵 등 다양한 빵을 판매하는데 유화제조차 첨가하지 않았는지 우리가 먹는 보통 빵과 달리 약간은 퍼석하다. 허나 타이완농대에서 직접 만든 정말 건강한 빵을 맛보는 의미에서라면 먹어볼만하다.

그러나 최고 인기상품은 역시 뭐니 뭐니 해도 우유다. 우유가 나오는 시간은 때에 따라 달라 시간을 잘 맞춰가야 우유를 맛볼 수 있는데, 솔직히 말하면 저자도 번번이 우유 나오는 시간을 놓쳐 아직 먹어보지 못했다. 그러나 비슷한 유제품인 아이스크림샌드를 먹어보았는데 맛이 아주 신선한 것으로 보아 우유 역시 맛이 남다르리라 추측한다.

함께 여행한 지인의 회사 동료 중에 타이완대학교를 졸업한
학생이 있다. 그 지인이 나와 함께 타이완대학을 둘러볼 거라
고 하니 그 동료가 남긴 말이 있다.

"到台大一定要吃鬆餅哦!(타이완대학에 가거든 꼭 와플을
먹어봐야 해!)"

실제 타이완대학를 졸업한 이들에게 추억의 음식을 꼽아보라
면 누구나 이 와플을 꼽는다. 와플을 파는 곳은 샤오무우쏭빙
小木屋鬆餅소목옥송병이라는 곳으로 대학 중심부에 있는 작은
오두막집이다. 학기중이면 아침 점심 가릴 것 없이 이 작은
오두막집 앞에 와플을 기다리는 이들로 줄이 긴데 이 역시 타
이완대학교의 진풍경으로 자리잡았다.

그런데 여기서 파는 와플은 조금 특이하다. 보통 와플이라고
하면 주로 잼이나 크림, 아이스크림이 들어간 와플을 생각하
는데 여기는 참치나 치킨, 돼지고기 등도 쓰는 특이한 와플도
보인다. 그리고 학생들이 가장 많이 먹는 넘버원 와플은 바로
치킨야채와플인 쉰찌슈차이쏭빙壎雞蔬菜鬆餅훈계소채송병으
로 와플이라기보다는 거의 치킨버거에 가깝
다. 다만 그 위를 덮은 빵이 햄버거
빵이 아니라 와플인 점이 이색
적인데 이것도 묘하게 잘 어
울려 신기할 따름
이다.

이렇게 빵과 속재
료 모두 매우 튼실
한 와플이라 학생
들이 아침이나 점
심을 해결하기에
부족함이 없다. 호
주머니가 가난한
여행객의 배를 채
우기에도 딱 적당
하고 말이다.

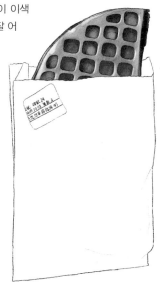

학생도 여행객에게도 든든한 와플

# 샤오무우쏭빙
## 小木屋鬆餅
소 목 옥 송 병

### INFO

**ADD** 台北市文山區羅斯福路四段號
**TIME** 평일 07:00~19:00,
휴일 09:00~17:00
**Google Map**
25.015555, 121.537652

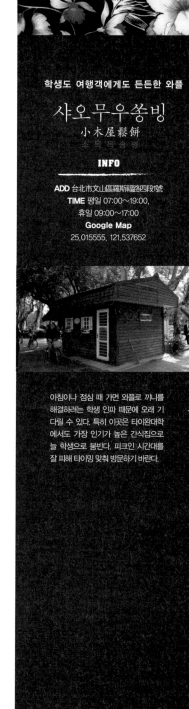

아침이나 점심 때 가면 와플로 끼니를
해결하려는 학생 인파 때문에 오래 기
다릴 수 있다. 특히 이곳은 타이완대학
에서도 가장 인기가 높은 간식집으로
늘 학생으로 붐빈다. 피크인 시간대를
잘 피해 타이밍 맞춰 방문하기 바란다.

# 따이뉘써찬팅
## 大一女宿舍餐廳
따 이 뉘 써 찬 팅

**INFO**

**ADD** 台北市文山區羅斯福路四段1號
**TIME** 11:20~20:00
**Google Map**
25.015445, 121.534583

학교 내의 외진 곳에 위치해 있어 다소 찾아가기 어렵지만 여자기숙사를 힌트로 찾아가면 비교적 수월하게 닿을 수 있다. 실제로 이 동네 주민들 역시 이곳에서 끼니를 해결하는 듯해 분위기가 학생식당이라기보다는 동네 마을회관 같다.

타이완대학을 일정에 넣으며 제일 궁금한 것은 바로 이것이었다.

'과연 타이완대학의 학생식당은 어떨까?'

전국민이 '맛에 미쳐있다'라고 표현하기도 하는 미식의 나라이기도 하거니와 또 대만의 서울대학교라 불리는 타이완대학교이니만큼 학생식당 역시 뭔가 남다를 거라고 예상했다. 그리고 결론부터 말하면, 이 학생식당의 음식을 먹어보고 타이완대학으로의 유학을 진심으로 고민했다.

학생식당 중 1학년 여자기숙사 1층에 있는 이 식당은 여자기숙사 식당이지만 물론 남학생도 이용가능하며 방문객 역시 마음껏 먹을 수 있다. 이 학생식당의 가장 큰 메력은 바로 뷔페라는 점이다. 그것도 20가지가 넘는 대만 가정식 반찬을 판매하는데 원하는 만큼 마음껏 달아 무게로 계산한다. 그리고 카운터에서 흰밥을 추가할 수 있는데 뷔페의 모든 종류를 골라 가득 담았는데도 한국의 학교 앞 한 끼니보다도 훨씬 싸다. 진정 학생 복지를 실현하는 학생식당이다.

마파두부, 달걀찜, 양념치킨 등 다양한 반찬이 골고루 맛있는데 가장 맛있고 이색적인 반찬은 카레로 버무린 가자미다. 가자미의 촉촉한 속살과 카레가 잘 버무려져 밥 한 공기 뚝딱 먹기 좋은 반찬이다. 여기서 모든 반찬을 먹어보았는데 뭐 하나 맛없는 반찬이 없었으니 본인 취향껏 반찬을 잔뜩 골라보라. 아마 한 판을 싹싹 다 비울 즈음에는 당신도 타이완대학으로의 유학을 진심으로 생각해보게 될 것이다.

타이완대학교를 둘러보고 쉴만한 카페를 추천하자면 자오따
오카페이找到咖啡조도가페다. 이 카페는 타이완대학 정문에서
북쪽으로 향하면 나오는 건물 2층에 있다. 교내 카페라는 생
각이 들지 않을 정도로 분위기가 모던하고 아기자기한 그림
으로 채워져 있다. 학생보다는 교수나 강사 등 나이 있는 사
람들이 차 한잔하는 분위기라 전반적으로 조용하다. 그래서
타이완대학을 구경하다가 편안하게 쉬고 싶을 때 추천하는
곳이다. 곳곳에 넓은 테이블도 있어 일행이 많아도 눈치 보지
않을 수 있다.

메뉴는 에스프레소, 아메리카노, 카페라테 등 여러 종류의 커
피가 있는데 전반적으로 커피 맛이 괜찮다. 가격은 타이완대
학의 다른 먹거리와 다르게 크게 저렴하지 않은데 타이완대
학 학생증이 있으면 10% 할인된다.

창문 너머 타이완체대학생들이 운동하는 모습을 바라보며 커
피 한잔의 여유를 갖는 것도 타이완대학 투어의 이색적인 재
미다.

캠퍼스에서의 휴식 한잔

## 자오따오카페이
找到咖啡
조오가배

### INFO
───────────────
**ADD** 台北市文山區羅斯福路四段號
**TIME** 일, 목 10:30∼21:00,
금, 토 10:30∼22:00
**Google Map**
25,018506, 121,534053

trouvé CAFE & BISTRO
找到咖啡 寬闊的校園綠蔭視野
共享好吃健康的風味

타이완대학 정문에서 다소 떨어져 있으
나 타이완대학의 다른 입구와도 맞닿아
있어 타이완대학 탐방 코스의 마지막
행선지로 적절하다.

팔뚝길이만한 프라이드치킨

# 샤오샤오푸
# 지에메이따찌파이

## 小小福姐妹花雞排
소 소 복 자 매 화 계 배

### INFO

**ADD** 台北市文山區羅斯福路四段1號
**TIME** 11:00~19:30
**Google Map**
25.015420, 121.537081

이 점포 앞에는 학생들이 먹을 수 있는 벤치가 놓여있다. 보통의 찌파이는 손에 들고 먹는데, 이 찌파이는 너무 커서 입천장을 다칠 수가 있다. 다른 학생들 모두 벤치에 앉아 포크나 젓가락으로 이 찌파이를 찢어먹으니 무리해서 찌파이를 한입에 넣지 말고 도구를 이용하도록 하자.

대학생 때는 돌아서면 배고픈 나이다. 과제나 미팅, 조별모임 등 이것저것 할 것도 많아 제대로 끼니 챙기기도 힘들다. 학생이라 비싼 음식은 부담도 크고, 그래서 대학생 때는 늘 배가 고프고 허기지다.

그런 의미에서 타이완대학교 학생은 축복받았다. 타이완대학에는 야시장 중에서도 그 크기가 가장 크다는 하오따따찌파이보다 더 큰 찌파이가 있기 때문이다. 두께는 야시장의 찌파이와 차이가 없는데 길이는 훨씬 길다. 고기 역시 매우 신선해 베어물었을 때 닭고기의 담백한 육즙이 씹히는 느낌이 매우 좋다. 학생을 대상으로 하는 찌파이라 다른 찌파이에 비해 간이 좀 슴슴한 편인데 가격과 양을 생각하면 결코 투덜댈 게 아니다. 타이완대학 제2스낵코너라는 곳에서 파는데 점심 즈음이 되면 학생으로 인산인해를 이룬다. 얼굴만한 찌파이가 아니라 팔뚝길이만한 찌파이를 먹노라면 이런 찌파이를 간식으로 먹는 타이완대학교 학생이 내심 부럽다. 적어도 이들은 절대 배고픈 학교생활을 할 리는 없으리라.

이 크레페는 우리가 흔히 생각하는 서양식 크레페와는 판이하게 다르다. 보통 한국에서 먹던 카스텔라같이 부드러운 식감의 크레페가 아니라 중국 공갈빵처럼 바삭한 질감의 크레페다. 그리고 그 안에는 양배추 등의 야채와 두꺼운 베이컨을 넣고 마요네즈와 케챱을 섞은 소스를 끼얹었는데 간식이라기보다는 거의 한 끼 식사에 가까울 정도로 거창하다. 그래서 이 크레페는 한입으로 와구와구 먹기보다는 같이 주는 포크로 내용물을 건져먹어야 한다. 마치 그릇 안의 음식을 집어먹는 것처럼 말이다.

넓고 바삭한 윗부분의 크레페를 먹고 각종 야채를 떠먹으면, 크레페 아랫부분이 야채와 함께 눅눅해지는데 이때 한입한입 베어먹으면 된다. 처음에는 무척 낯선 맛이지만 이때쯤이면 꽤 적응이 되어 맛있게 먹게 된다. 이처럼 이 크레페 집은 와플 집 샤오무우쏭빙처럼 대만식으로 변형된 서양 간식이기 때문에 우리에게는 조금 낯설지 모르지만 어디에서도 맛볼 수 없는 이색적인 크레페를 맛보기에는 괜찮은 집이다.

캠퍼스에서의 휴식 한잔

# 타이따커리빙
## 台大可麗餅
태대가려병

### INFO
---
**ADD** 台北市文山區羅斯福路四段號
**TIME** 평일 06:00~19:00,
휴일 06:00~20:00
**Google Map**
25.015100, 121.537776

함께 시킨 초코바나나크레페는 누텔라와 바나나의 조화가 달콤해 디저트로 손색이 없다. 허나 중국호떡 같은 크레페의 바삭함이 초코바나나와는 그다지 어울리지 않아 채소베이컨크레페를 우선 먹어보기 권한다.

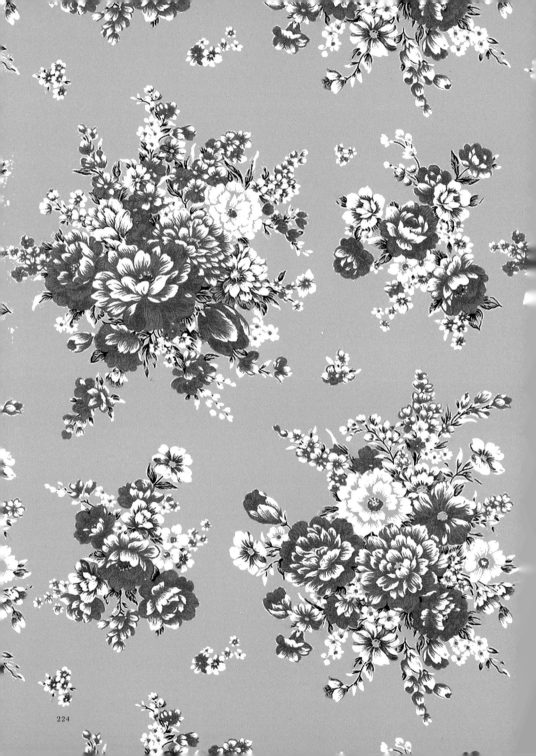

224

CHAPTER

-7-

여행의 끝은
편의점 · 마트
쇼핑

CHAPTER

-7-

여행의 끝은
편의점 · 마트
쇼핑

# 레토르트 1

### 황찐찌스-후쉬짱찌러우판
**黃金雞絲-翡翠張雞肉飯**
황금계사-호수장계육반

닭가슴살통조림을 간장으로 버무
린 덮밥이다. 닭고기살이 튼실하
고 간도 적절해 한국사람 입맛에
잘 맞는다. 개봉해서 보면 기름이
많으니 기름을 따라내고 먹는 게
좋다.

### 황찐쒜이루
**黃金粹魯**
황금쇄노

고기가 너무 잘게 갈려 고기 씹는
맛은 전혀 없지만 뉴러우판의 달
달한 맛을 간접적으로 체험할 수
있다. 다소 기름이 많아 꼭 기름을
따라내고 먹어야 우리 입맛에 맞
는다. 싼 가격에 비해 양이 많아
가성비가 꽤 좋은 레토르트다.

**구입처 시먼띵 까르푸** 西門町 家樂福

**조리법** 팔팔 끓는 물에 3∼5분을 데우고 위의 기름을 살짝 따라내고 공기밥 2인분에 비벼서 먹으면 된다.

### 랴오리즈런-촨웨이라지
### 料理職人-川味辣雞
요리직인-천미랄계

사천풍 닭고기 레토르트다. 사천풍이라 해서 매운맛을 기대하면 안 된다. 한국의 떡볶이 정도로 약간 매콤하다. 향이 세지는 않으나 미묘하게 중국 향이 느껴지는 게 약간 중국풍이 가미된 미니 닭볶음탕 같다.

### 랴오리즈런-찡뚜언투언러우
### 料理職人-精燉豚肉
요리직인-청돈돈육

돼지고기덮밥이다. 짭잘하고 걸쭉한 굴소스 베이스에 후추로 간을 해서 조금 낯설 수 있다. 하지만 감자와 당근이 돼지고기와 곁들여져 맛의 조화가 잘 맛는다.

### 랴오리즈런-헤이짜오우러우
### 料理職人-黑椒牛柳
요리직인-흑초우류

간장 베이스지만 후추 향이 강하다. 고기는 덩어리째 들어있어 두껍고 튼실하다. 스린야시장의 스테이크를 간접적으로 느낄 수 있다.

대만기념품 베스트 아이템

# 펑리수

**쯔쉬엔 一之軒 일지헌**
빵이라기보다는 얇은 과자같이 바삭하고
담백하다. 빵 느낌이 별로 없기 때문에 파
인애플 과육 맛이 듬뿍 느껴진다.

**딘타이펑 鼎泰豐 정태풍**
레스토랑 딘타이펑에서 파는 쿠키다. 쿠키
부분은 버터와 달걀노른자의 밸런스가 매
우 좋아 맛있다. 빵1, 파인애플 과육1로 적
절한 기본기를 지킨 듯하다.

**써니힐즈 SunnyHills 微熱山丘 미열산구**
써니힐의 펑리수는 네모난 모양이 잘 유지
되어 다른 펑리수보다 묵직하다. 빵 자체
가 고소하고 스모키한 향이 나며 파인애플
의 섬유질이 잘 살아있다.

**쑨청딴까오 順城蛋糕 순성단고**
이름도 일등펑리수다. 이 펑리수는 2011년
펑리수 대회 1등을 받은 펑리수. 먹어보면
왜 1등을 했는지 공감할만하다. 과육이나
빵이나 일반 펑리수의 두 배다. 한마디로
보통 펑리수의 맛을 두 배로 강화시킨 무
적의 펑리수다.

**썬메리 SUNMERRY 聖瑪莉 성마리**
파인애플 맛보다는 거의 카스텔라 맛이 강
해서 아쉽다. 다른 펑리수에 비해 꽤 단 편
이다.

### 쑨청딴까오 順城蛋糕 순성단고

부드러운 펑리수다. 버터를 듬뿍 썼는지
윤기도 좌르르 흐르고 버터 향도 세다. 혀
끝에서 파인애플 향이 확 나며 과일 특유
의 맛있는 신맛을 그대로 유지하고 있다.

### 웨이거빙지아 維格餅家 유격병가

파인애플의 상큼한 향이 강하다. 하나하나
시식해보고 사고 싶으면 매장을 방문하기
를 추천하는데 그중에서도 용캉지에에 있
는 매장이 여행일정상 좋다. 일반 펑리수
에서 느낄 수 있는 과자의 물리는 느낌을
지워주고 씹었을 때 쫀득함이 살아있다.

### 서우씬팡 手信坊 수신방

펑리수 안의 파인애플을 좋아한다면 서우
씬팡 펑리수를 가장 최고로 꼽겠다. 보통
펑리수가 파인애플을 잘게 찢어서 넣었다
면, 서우씬팡 펑리수는 파인애플을 사각으
로 다져서 넣었기 때문에 과육이 가장 아
작아작 씹힌다.

### 치아더까오빙 佳德糕餅 가덕병고 – 오리지널

펑리수의 기본을 보여주는 맛이다. 정석으로
예습 복습 철저히 한 모범생 같은 느낌이다.
더도 않고 덜도 않는 적당한 밸런스의 펑리수
를 선보인다.

### 치아더까오빙 佳德糕餅 가덕병고 – 크랜베리

2007년 펑리수 대회 1등을 한 상품이다. 크랜
베리의 상큼함이 펑리수 빵의 느끼한 맛을 잡
아준다. 또 크랜베리 과육이 파인애플과 무리
없이 잘 어울린다.

### 치아더까오빙 佳德糕餅 가덕병고 – 딸기

인공적인 딸기향색소 맛이 강해 추천하지는
않지만 딸기를 좋아하는 사람이라면 도전해봄
직하다.

### 치아더까오빙 佳德糕餅 가덕병고 – 월넛

안에 튼실한 호두가 들어있다. 파인애플의 달
콤함에 아작한 호두가 들어가 식감에 재미를
더해준다.

# 러우송

**신똥양 쭈러우송 新東陽豬肉鬆** 신동양저육송
러우송에 익숙지 않은 러우송 초심자가 1단계로
먹어볼만한 러우송이다. 적당히 달달해서 남녀
노소 누구나 좋아할법하고 좀 더 크런치한 느낌
이라 한국에서 과자처럼 먹기도 좋다.

**광다시앙 쭈러우쑤 廣達香豬肉酥** 광달향저육소
1단계 러우송 입문자가 신똥양 쭈러우송이 적합
하다면 광다시앙은 다음 단계 러우송으로 시도
해보면 좋다. 처음 입에 넣었을 때는 고기솜의
입자가 바실바실한 느낌이라 초심자에게는 낯설
수 있다. 그러나 끝맛에서는 신똥양보다 더 깊은
고기 풍미가 느껴지기 때문에 과자로 먹기보다
는 흰 쌀죽에 더 어울린다.

**러우송** 고기를 말려 보푸라기처럼 가공한 대만의 특산품이다.
달콤하면서도 고기 맛이 나서 빵에 끼워먹거나 밥위에 뿌려먹기 좋다.

### 타이추 위엔웨이러우쑤 台畜 原味肉酥

태축 원미육소

다른 러우송보다 더 크리스피하고 바삭해 젊은 느낌이다. 과자 같은 식감이라 아이들이 좋아할 듯하다. 감칠맛도 적당하면서 식감에 재미를 주었다. 살코기 맛이 더 많이 난다.

### 헤이챠오파이 터쯔러우웨이 黑橋牌 特製肉維

흑교패 특제육유

일반적으로 바사삭하게 흩어지는 러우송과는 다르다. 다른 러우송은 가루라는 느낌이 드는데 이 러우송은 물에 젖은 섬유 느낌이다. 일반적인 러우송보다 간장 맛이 더 짙게 배어있다. 먹었을 때 한국 장조림 통조림을 잘게 찢어놓은 것 같은 느낌이 들어 밥과 비벼먹을 때 궁합이 좋다. 그러나 한국에서는 일반적이지 않은 축축한 식감이라 호불호가 갈릴 수 있다.

두고두고 먹을 푸짐함

# 육포

**신똥양 쭈러우깐—샹라**
**新東陽豬肉乾—香辣**
신동양저육건—향랄
매운맛 돼지고기육포다. 매운맛이지
만 한국사람 입맛에는 별로 맵지 않
다. 입만 살짝 매콤해서 부담 없이 먹
을 수 있는데 바싹 말라있어서 질겅질
겅 씹는 맛이 있다.

**신똥양 쭈러우깐—미쯔**
**新東陽豬肉乾—密汁**
신동양저육건—밀즙
돼지고기육포다. 우리나라 육포와 가
장 가까운 맛인데 훨씬 달콤하다. 씹
는 질감이 소고기보다 훨씬 딱딱하다.

**신똥양 녀우러우깐-위엔웨이**
**新東陽牛肉乾-原味**
신동양우육건—원미
소고기육포다. 통통한 고깃살에 부드
럽게 찢기는 식감이 좋다. 역시 달달
한 소스를 발랐는데 고기 맛과 궁합이
좋다. 육포라기보다는 고기조림에 가
깝다.

**헤이챠오파이 허우샤오쭈자이탸오**
**黑橋牌-厚燒豬仔條** 흑교패-후소저자조
술에 절인 돼지고기육포다. 일반적으로 가느다랗고 얇은
육포가 아니라 연필처럼 두툼한 육포다. 그래서 마치 소시
지를 먹는 느낌이다. 씹었을 때 질기거나 이빨에 끼지 않
고 똑똑 베어무는 맛이 재밌다. 육포에 중국술을 발라 알
코올 향이 짙게 배어난다. 일반적인 육포와 다른 독특한
대만의 맛을 기대한다면 좋은 선택이다. 패키지가 예뻐서
선물용으로도 좋다.

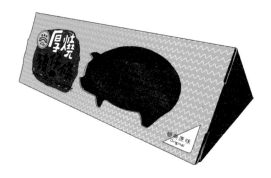

# 티백&파우더

**똥과탕-헤이탕 冬瓜糖-黑糖** 동과당-흑당

고체 형태의 똥과차 진액이다. 똥과차가 먹고 싶을 때마다 블럭으로 잘라서 차로 타먹는다. 물 1800~2500ml에 한 블럭을 넣고 끓인 다음, 냉장고에서 식히면 차가운 똥과차가 완성된다. 물론 따뜻한 상태에서 마셔도 좋다.

**쁘어랑나이차-샹농위엔웨이 伯朗奶茶-香濃原味** 백낭내차-향농원미

믹스커피처럼 분말 형태로 타먹는 밀크티다. 먹는 법도 믹스커피와 비슷한데, 물은 종이컵에 반만 넣기를 권한다. 맛은 일반 편의점에서 파는 밀크티 수준과 크게 다르지 않고 가볍게 먹기도 좋고 기념품으로 선물하기에도 적당하다.

**산디엔이커-찡디엔위엔웨이 三點一刻 -經典原味** 삼점일각-경전원미

티백 형태로 우리는 밀크티다. 한국에서 가장 널리 알려진 밀크티며 포로 우려 일반 밀크티에 비해 텁텁하지 않고 깔끔하다. 티백 사이즈에 비해 물은 조금 넣어야 하는데, 물을 많이 넣으면 밍밍해지기 쉽다. 물조절에 신경써야 하는 밀크티다.

**산디엔이커-즈미쯔마후 三點一刻 -紫米芝麻糊** 삼점일각-자미지마호

삼점일각에서 다양하게 선보이는 음료 중 먹어볼만한 음료다. 걸쭉한 흑임자죽 같은 차다. 검은쌀과 검은깨, 흑미를 미음 같은 형태로 마실 수 있다. 곡물의 고소함이 느껴져서 간단하게 간식이나 아침으로 먹을 수 있다.

우유+?

우유

**통이시꽈녀우나이**
**統一西瓜牛奶** 통일서과우내
한국에서는 화채를 만들 때 수박에
사이다는 물론 우유를 넣어 만들곤
한다. 수박우유가 바로 그런 맛이다.
수박과 고소한 우유의 밸런스가 적절
한 조화를 이룬다.

**광취엔-뿌딩펑웨이녀우**
**光泉-布丁風味牛乳** 광천-포정풍미우내
푸딩의 달콤한 향이 가미된 우유다. 푸딩의
느끼한 감이 있지만 마치 바닐라라테처럼
달달한 우유로 먹기에 좋다.

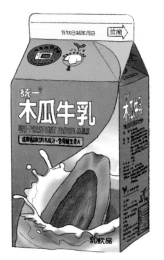

**통이무꽈녀우나이**
**統一木瓜牛奶** 통일목과우내
농축파파야즙을 가미한 '통이' 사
의 파파야우유는 파파야를 바로 갈
아서 파는 것과 가까운 맛을 낸다.
편의점에서 가볍에 아침식사대용
으로 선택하면 좋은 우유다.

# 밀크티

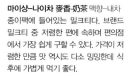

**마이샹-나이차 麥香-奶茶** 맥향-내차
종이팩에 들어있는 밀크티다. 브랜드
밀크티 중 저렴한 편에 속하며 편의점
에서 가장 쉽게 구할 수 있다. 가격이 저
렴한 만큼 맛 역시도 다소 밍밍한데 식
후에 가볍게 먹기 좋다.

**위차위엔-터쌍나이차 御茶園-特上奶茶**
어차원-특상내차
홋카이도 우유를 써서 신선한 우유 향이
굉장히 좋다. 밀크티라기보다는 홍차에 우
유를 탄 것과 같은 맛인데 홍차의 맛을 기
대했다면 다소 실망할 수 있다. 그러나 청
량감 있게 먹기에는 좋다.

**춘췌이.허-춘루나이차 純萃.喝-醇乳奶茶**
순췌.갈-돈유내차
한국인에게 '화장품 밀크티'라는 이름으로 사
랑받는 밀크티다. 물론 밀크티 전문점에서 파
는 것보다는 훨씬 가벼운 맛이지만 적당히 트
렌디하면서도 밀크티 맛이 잘 살아있어 한국
인이 가장 선호하는 밀크티다. 통도 예뻐서 잘
닦아 필통으로 쓰기에도 좋다. 무난한 지인 선
물로 적당한 밀크티인데 카르푸 같은 곳에는
항상 동나있기 때문에 눈에 띌 때마다 사두는
게 좋다.

이국의 알코올

술

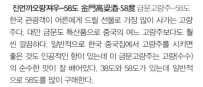

**진먼까오량져우–58도 金門高粱酒-58度** 금문고량주–58도
한국 관광객이 어른에게 드릴 선물로 가장 많이 사가는 고량
주다. 대만 금문도 특산품으로 중국의 여느 고량주보다도 훨
씬 깔끔하다. 일반적으로 한국 중국집에서 고량주를 시키면
좋은 것도 인공적인 향이 있는데 이 금문고량주는 고량(수수)
의 순수한 맛이 잘 배어있다. 38도와 58도가 있는데 일반적
으로 58도를 많이 구매한다.

**타이완피져우–스빠티엔 台灣啤酒-18天** 태만비주–18천
18일간 유통되는 맥주다. 병에 담기면서부터 시작되는 유통
기한이 18일이라 병맥주임에도 불구하고 맑고 청량감이 좋
다. 마치 고급 드래프트 맥주를 먹는 느낌이다. 대만의 느끼
하고 향이 강한 음식과 궁합이 매우 좋다.

**타이완피져우-샹어유망궈 台灣啤酒-香郁芒果**

태만비주-향욱망과

이미 한국에도 정식유통되어 쉽게 맛볼 수 있는 대만 과일맥
주다. 맥주 맛에 망고 향을 첨가해 씁쓸하면서도 달콤하다.
맥주 도수는 2도쯤인데 가벼운 과실주로 즐길 수 있다.

**타이완피져우-샹티엔푸타오 台灣啤酒-香甜葡萄**

태만비주-향첨포도

망고맥주회사에서 나온 포도 맛 맥주. 포도의 달달한 맛이 잘
배어있으면서 살짝 새콤하다. 일반적으로 망고맥주 다음으로
한국사람 입맛에 가장 잘 맞는 맛이다. 혹자는 자극적인 망고
맥주보다 포도맥주를 선호하기도 한다.

**타이완피져우-깐티엔펑리 台灣啤酒-甘甜鳳梨**

태만비주-감첨봉리

같은 회사에서 나온 파인애플 맛 맥주. 사실 파인애플 향은
그리 강하지 않다. 한국에서 먹는 파인애플의 새콤함과 달리
대만에서는 달콤한 파인애플을 먹는데 그처럼 새콤하지 않고
더 달달하다. 마치 펑리수와 맥주를 같이 먹는 느낌이다.

**타이완피져우-펑미피져우 台灣啤酒-蜂蜜啤酒**

태만비주-봉밀비주

같은 회사에서 나온 꿀맥주. 한국사람은 '꿀'이라는 말에 혹해
많이 구매하는데 이름답게 맥주에서 달콤한 꿀 맛이 난다. 맥
주의 씁쓸한 맛을 싫어하는 사람에게 마치 음료수처럼 마실
수 있는 적절한 맥주다.

덥고 배부른 당신을 위해

# 음료수

**베이징치엔롱산매이탕 北京乾隆酸梅湯**
북경건룡산매탕
산메이탕은 숙성된 매실로 만들어서 소화
에 아주 좋기 때문에 대만에서 식사 중에
물처럼 마시는 음료. 일종의 매실차라고
생각하면 되는데 우리나라 매실차보다 훨
씬 한약 맛이 강하다. 베이징치엔롱산매이
탕은 보통 산메이탕보다 한약의 떫은 맛이
더 강한데 그게 또 묘하게 매력적이어서
발견하면 먹어보기를 권한다.

**처우야 秋雅 추아**
매실식초음료다. 그러나 매실음료라 생각
하고 마시면 백프로 다 먹지 못하고 버리
게 된다. 사실 이 음료는 매실이라기보다
는 식초음료에 가깝기 때문이다. 여름에
땀을 많이 흘렸을 때나 소화가 안 될 때 약
처럼 마시면 효과를 볼 수 있다.

**따시양빠러쯔 大西洋芭樂汁**
대서양파락즙
구아바음료다. 델몬트에서 나오는 구아바
음료는 살짝 시큼한 맛을 가미하고 걸쭉하
게 만들어서 과일음료라는 것을 강조하는
데, 일반적인 구아바음료보다 가볍고 청량
감 있다. 마치 한국의 사과음료와 비슷한
맛이다.

**핑궈시다 蘋果西打** 빈과서다
'쥬시후레시껌'을 음료수로 만든 탄산음료
다. 핑궈시다는 사과소다라는 뜻으로 슈퍼
마켓보다는 음식점에 많은 음료수다. 맛이
달짝지근하면서도 탄산이 세서 환타 애플
맛 같은 느낌도 난다. 느끼한 대만음식과
함께 먹으면 궁합이 좋다.

**펀지에차 分解茶** 분해차
기능성 음료다. 대만에 가서 이것저것 많
이 먹게 되는데 거기에 더해 맥주로 칼로
리를 채우기 싫은 사람에게 최적의 선택이
다. 분해차는 칼로리를 분해한다는 뜻으로
분해 성분을 담고 있다. 물론 정말 지방이
분해되는지는 의문이지만 플라세보 효과
를 기대한다면 한번쯤 먹어볼만하다.

**타이산—똥과차 泰山—冬瓜茶** 태산—동과차
우리가 알고있는 똥과차보다 인위적인 단
맛이 강하고 동과의 맛은 덜하다. 하지만
똥과 자체가 열을 내려주는 기능이 있어
여름에 먹으면 한결 더위를 식힐 수 있다.

여행지에서도 귀국해서도 유용한

# 레토르트 2

**라오촨창–홍사오만 老船長–紅燒鰻** 노선장–홍소만
살짝 매운양념으로 찐 장어구이다. 가시 등이 다 발라져 있어
서 먹기 간편한데, 사실 식감은 장어라기보다는 황태채에 가
깝다. 꼬들하면서도 바삭해 밥반찬으로 먹기 좋다. 한국사람
에게도 익숙한 맛이지만 이런 형태의 통조림은 한국에 없어
이색적인 레토르트로 챙겨오면 좋다.

**칭예–루러우판랴오 青葉–嚕肉飯料** 청엽–노육반료
한국의 장조림과도 같은 맛이다. 다진고기가 짭짤하게 간장
에 배어져 밥반찬으로 뚝딱 먹기 좋으며 한국사람들 입맛에
도 잘 맞는다. 다소 짤 수 있으니 꼭 밥과 함께 먹는 게 좋다.

**지띠–쭈러우셔우수이쟈오 及第–豬肉熟水餃**
급제–저육숙수교
대만에서 한번쯤은 먹어봐야 할 편의점 만두다. 한국의 일반
적인 편의점 만두와 다르게 꽤 맛있다. 사서 숙소나 편의점에
서 데워 먹으면 보통 음식점에서 파는 것만큼 괜찮은 수준의
만두를 맛볼 수 있다. 안의 고기소도 매우 촉촉하고 만두피
역시 쫄깃해 가격대비 만족스럽게 먹을 수 있다.

**타이산–빠바오쩌우 泰山–八寶粥** 태산–팔보죽
율무, 보리, 팥, 과일, 땅콩 등을 넣어서 만든 건과죽이다. 우
리나라 죽과 다르게 사탕수수를 섞은 물로 만들어서 꽤 달콤
하다. 약간 단팥죽 같은 맛도 나는데 입에서 씹히는 붉은 곡
물 느낌이 재밌다. 캔종류인만큼 끓는물에 데우면 되는데 간
단한 아침대용으로 먹어도 좋을 아이템이다.

# TAIWAN

# RESTAURANT

-

# MENU

# GUIDE

한자가 낯선 여행자를 위해 모든 식당의 추천메뉴의
한자를 키워 음식 이미지와 함께 정리해두었습니다.
현지에서는 이 페이지만 잘라서 휴대하면
손쉽게 대만의 맛을 즐길 수 있습니다.

HOW TO GO | 민취엔시루民權西路 역 9번 출구 도보 10분
Google Map | 25.065701, 121.522503

## 龍鳳鴛鴦鍋
롱펑위엔양꿔

## 綜合手工丸
쫑허셔우꿍완

## 神仙牛肉
선시엔녀우러우

## 松阪豬肉
쏭반쭈러우

## 干貝珍珠滑
깐빼이쩐쭈화

## 檸檬冬瓜冰沙
닝멍똥꽈삥사

HOW TO GO | 동먼東門 역 3번 출구 도보 10분
Google Map | 25.033872, 121.523869

## 絲瓜小籠湯包
스과샤오롱탕빠오

## 上海小籠湯包
상하이샤오롱탕빠오

## 蟹黃湯包
셰황탕빠오

## 蝦仁燒賣
샤런쇼마이

## 紹興醉雞
샤오싱쭈에이지

## 山東燒雞
산동싸오찌

## 酸辣湯
산라탕

## 鍋貼
꿔티에

P.024 까오지 高記

HOW TO GO | 동먼東門 역 5번 출구 도보 2분
Google Map | 25.033330, 121.529969

### 生煎包
성지엔빠오

### 東坡肉
똥퍼러우

### 避風塘大蝦
삐펑탕따샤

P.044 동먼쟈오즈관 東門餃子館

HOW TO GO | 동먼東門 역 5번 출구 도보 2분
Google Map | 25.032852, 121.528781

### 酸菜白肉鍋
쏸차이바이러우궈

### 豬肉鍋貼
쭈러우궈티에

P.029 산웨이스탕 三味食堂

HOW TO GO | 시먼西門 역 1번 출구 도보 10분
Google Map | 25.039901, 121.502684

### 鮭魚肚
꿰이위뚜

### 鮭魚手握壽司
꿰이위셔우워써우스

### 蘋果西打
핑궈시다

### 綜合壽司
쫑허써우스

### 新鮮鮭魚炒飯
신시엔꿰이위차오판

### 親子飯
친즈판

HOW TO GO | 시먼西門 역 1번 출구 도보 10분
Google Map | 25.033482, 121.530113

### 小籠包
샤오롱빠오

### 蟹粉小籠包
시에펀샤오롱빠오

### 蝦仁燒賣
샤런쇼마이

### 紅油炒手
홍여우차오셔우

### 鮮肉粽子
시엔러우쫑즈

### 排骨蛋炒飯
파이구딴차오판

### 擔擔麵
딴딴미엔

HOW TO GO | 고궁박물원 맞은편
Google Map | 25.101351, 121.547824

### 明爐烤鴨
밍루카오야

### 紅糟肉
홍짜오러우

### 紹興醉雞
샤오싱쭈에이지

### 乾燒伊府麵
깐샤오이푸미엔

### 東坡肉
똥퍼러우

### 多寶格御點集
뚜어바오거위디엔지

HOW TO GO | 쭝샤오푸씽忠孝復興 역 3번 출구 도보 3분
Google Map | 25.041378, 121.546362

HOW TO GO | 타이베이처짠台北車站역 M6번출구 도보 2분
Google Map | 25.045983, 121.517072

### 流口水雞
려우커우쉐이찌

### 麻婆燒豆腐
마퍼샤오또우푸

### 香煎蘿蔔糕
썅찌엔뤄푸까오

### 酥皮焗叉燒包
쑤피쥐차사오빠오

### 白飯
바이판

### 乾煸四季豆
깐피엔쓰찌또우

### 臘腸北菇雞飯
라창베이꾸찌판

### 腸粉
창펀

### 翡翠冬瓜露
빼이췌이똥꽈루

### 炸銀絲捲
짜인스쥐엔

### 鮮蝦腐皮卷
시엔샤푸피쥐엔

### 香滑馬拉糕
샹화마라이까오

HOW TO GO | 타이베이샤오쮜딴台北小巨蛋 역 1번 출구 도보 3분
Google Map | 25.051828, 121.552778

## 小籠包
샤오롱빠오

## 蝦仁燒賣
샤런쇼마이

## 揚州三丁包
양쩌우싼띵빠오

## 薺菜鍋餅
지차이꿔빙

## 西湖肚襠
시후뚜땅

## 牛肉麵
뉴러우미엔

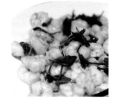

## 龍井蝦仁
롱징샤런

HOW TO GO | 쯍산中山 역 2번 출구 도보 10분
Google Map | 25.051952, 121.525839

## 水晶蝦餃皇
쉐이징샤오황

## 皮蛋瘦肉粥
피딴써우러우쩌우

## 蠔皇叉燒包
하오황차사오빠오

## 奶黃流沙包
나이황러우사빠오

## 鮮蝦仁腸粉
시엔샤런창펀

## 揚州炒飯
양쩌우차오판

## 鮮竹牛肉球
시엔주녀우러우처우

P.060 산허위엔 參和院

**HOW TO GO** | 쫑샤오뚜언화忠孝敦化 역 1번 출구 도보 5분
**Google Map** | 25.042240, 121.547933

### 鳳梨大蝦球
펑리따샤쳐우

### 五味九孔鮑
우웨이져우콩빠오

### 小白啾啾蔓越莓奶酥包
샤오바이쳐우쳐우만위에매이나이쑤빠오

### 刺蝟叉燒包
츠웨이차사오빠오

### 參和炙塩豚
산허쮀옌투언

---

P.064 샤오리즈칭쩌우샤오차이
小李子清粥小菜

**HOW TO GO** | 따안大安 역 5번 출구 도보 7분
**Google Map** | 25.028772, 121.543280

### 紅槽肉
홍짜오러

### 清蒸臭豆腐
칭쩡쳐우떠우푸

### 四季豆
쓰찌또우

### 魚香茄子
위샹치에즈

---

P.067 빠오빠오Bunsbao
包包Bunsbao

**HOW TO GO** | 궈푸찌니엔관國父紀念館 역 2번 출구 도보 3분
**Google Map** | 25.040859, 121.555353

꽈빠오 포함 세트메뉴

### 包包豐收套餐
빠오빠오펑서우타오찬

P.072　스찌쩡쫑뉴러우미엔
史記正宗牛肉麵

**HOW TO GO** | 싱티엔공行天宮 역 1번 출구 도보 5분
Google Map | 25.057920, 121.529630

## 清燉牛肉麵
칭뚜언뉴러우미엔

## 紅燒牛肉麵
홍샤오뉴러우미엔

P.075　린둥팡뉴러우미엔
林東芳牛肉麵

**HOW TO GO** | 쭝샤오푸씽忠孝復興 역 1번 출구 도보 10분
Google Map | 25.046825, 121.541341

## 林東芳牛肉麵
린둥팡뉴러우미엔

## 猪耳朵
쭈얼뛰

P.079　마싼탕 麻膳堂

**HOW TO GO** | 타이베이처짠台北車站 역 M6번 출구 도보 2분
Google Map | 25.045903, 121.516846

## 麻辣牛肉麵
마라뉴러우미엔

## 麻醬麵
마찌앙미엔

## 紅油水餃
홍여우쉐이쟈오

P.082　라오파이황찌뚜언러우판
老牌黃記燉肉飯

**HOW TO GO** | 시먼西門 역 6번 출구 도보 5분
Google Map | 25.045552, 121.507702

## 燉肉飯
뚜언러우판

## 油豆腐, 滷蛋
요우또우푸, 루딴

P.084 후쉬짱루러우판 鬍鬚張魯肉飯

HOW TO GO | 쌍리엔雙連 역 1번 출구 도보 10분
Google Map | 25.056882, 121.515441

**魯肉飯**
루러우판

**魯蛋**
루딴

**貢丸湯**
꿍완탕

**香腸**
샹창

P.087 량찌찌아이찌러우판
梁記嘉義雞肉飯

HOW TO GO | 쏭지앙난찡宋江南京 역 3번 출구 도보 5분
Google Map | 25.050605, 121.530449

**雞肉飯**
찌러우판

**魯肉飯**
루러우판

**金針赤肉湯**
찐츠러우탕

P.090 쩌우찌러우쩌우띠엔
周記肉粥店

HOW TO GO | 롱산스龍山寺 역 1번 출구 도보 5분
Google Map | 25.036512, 121.502244

**肉粥**
러우쩌우

**紅燒肉**
홍샤우러우

**雞肉**
찌러우

**鯊魚**
사위

P.093 바이예원저우따훤뚜언
百葉溫州大餛飩

HOW TO GO | 단수이淡水 역 1번 출구 도보 10분
Google Map | 25.171229, 121.438542

**餛飩**
훤뚜언

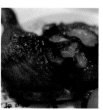

**烤雞腿**
카오찌퇴이

**炸醬麵**
짜장미엔

**肉丁拌麵**
러우딩빤미엔

## P.096 쓰찌에또우장따왕
### 世界豆漿大王

**HOW TO GO** | 딩시頂溪 역 2번 출구 도보 3분
Google Map | 25.015490, 121.516111

## 豆漿
또우장

## 油條
요우티야오

## 小籠包
샤오롱빠오

## 飯糰
판퇀

---

## P.100 푸항또우장
### 阜杭豆漿

**HOW TO GO** | 산다오스善導寺 역 5번 출구 도보 1분
Google Map | 25.044189, 121.524853

## 豆漿
또우장

## 鹹豆漿
시엔또우장

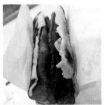

## 蛋餅
딴빙

## 厚餅
허우빙

---

## P.103 펑청사오라위에차이
### 鳳城燒臘粤菜

**HOW TO GO** | 타이띠엔따러우台電大樓 역 3번 출구 도보 7분
Google Map | 25.018192, 121.531634

## 三寶飯
산바오판

## 及第粥
지띠쩌우

## 牛肉炒飯
녀우러우차오판

010

---

## P.106 타이티에삐엔땅
### 台鐵便當

**HOW TO GO** | 타이베이처짠台北車站 역 지하에서 도보이동
Google Map | 25.047923, 121.517082

## 臺鐵排骨便當
타이티에파이구삐엔땅

## 排骨八角
## 木片盒便當
파이구빠쟈오
무피엔허삐엔땅

P.110 린허파 林合發

**HOW TO GO** | 베이먼北門 역 3번 출구 도보 10분
Google Map | 25.054975, 121.510320

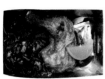 

## 油飯
요우판

## 芋粿巧
위궈챠오

P.114 아종미엔시엔
阿宗麵線

**HOW TO GO** | 시먼西門역 6번출구 도보 2분
Google Map | 25.043392, 121.507588

## 阿宗麵線
아종미엔시엔

---

P.116 린총좌빙
林蔥抓餅

**HOW TO GO** | 스린士林 역 1번 출구 도보 2분
Google Map | 25.094859, 121.526001

## 蔥抓餅加蛋
총좌빙찌아딴

## 仙草冬瓜露
시엔차오똥꽈루

P.118 티엔진총좌빙
天津蔥抓餅

**HOW TO GO** | 동먼東門 역 5번 출구 도보 3분
Google Map | 25.032659, 121.529698

## 九層塔蔥抓餅
져우청타총좌빙

## 總匯蔥抓餅
종회이총좌빙

---

P.120 왕찌푸청러우쫑
王記府城肉粽

**HOW TO GO** | 시먼西門 역 1번 출구 도보 3분
Google Map | 25.042370, 121.505840

## 肉粽
러우쫑

---

P.122 푸저우웬주후쟈오빙
福州元祖胡椒餅

**HOW TO GO** | 롱산스龍山寺 역 1번 출구 도보 2분
Google Map | 25.035483, 121.500688

## 胡椒餅
후쟈오빙

---

P.108 샹이에삐엔땅
鄕野便當

**HOW TO GO** | 기차-푸롱福隆역 앞
Google Map | 25.016002, 121.944670

## 鄕野便當
샹이에삐엔땅

P.130 롱먼커지엔쟈오즈관
龍門客棧餃子館

P.134 우밍을번랴오리띠엔
無名日本料理店

**HOW TO GO** | 산다오스善導寺 역 3번 출구 도보 10분
Google Map | 25.039693, 121.522963

**HOW TO GO** | 시먼西門 역 1번 출구 도보 3분
Google Map | 25.041459, 121.504627

**水餃**
쉐이쟈오

**豬腳**
쭈쟈오

**關東煮**
꽌똥쭈

**生魚片**
성위피엔

**牛肉蛋花湯**
뉴러우딴화탕

**酸梅湯**
산메이탕

**蛋包飯**
딴빠오판

**炒烏龍麵**
차오우롱미엔

---

P.136 하오찌단짜이미엔
好記擔仔麵

**HOW TO GO** | 쏭지앙난찡宋江南京 역 8번 출구 도보 10분
Google Map | 25.055182, 121.530249

**擔仔麵**
단짜이미엔

**好記豆腐**
하오찌또우푸

**烏魚子**
우위즈

**空心菜**
콩신차이

**紅蟳米糕**
홍쉰미까오

P.140 아차이더띠엔 阿才的店

HOW TO GO | 쭝샤오신성忠孝新生 역 5번 출구 도보 10분
Google Map | 25.038942, 121.528874

### 炸肥腸
짜페이창

### 宮保皮蛋
꿍바오피단

### 菜脯蛋
차이푸딴

### 魚香茄子
위샹치에즈

### 薑絲蛤蠣湯
찌앙스허리탕

P.148 리팅샹빙푸
李亭香餅舖

HOW TO GO | 따차오터우大橋頭 역 1번 출구 도보 5분
Google Map | 25.062142, 121.509310

### 小泡芙
샤오파오푸

### 綠豆糕
뤼떠우까오

### 平安龜
핑안꿰이

P.151 츠츠칸
吃吃看

HOW TO GO | 밍더明德 역 1번 출구 도보 25분
Google Map | 25.116152, 121.528590

### 原味起司蛋糕
위엔웨이치스딴까오

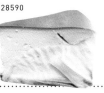

P.152 우바오춘마이팡띠엔
吳寶春麥方店

HOW TO GO | 궈푸찌니엔관國父紀念館 역 5번 출구 도보 15분
Google Map | 25.044598, 121.561010

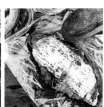

### 酒釀桂圓麵包
져우랑꿰이위엔미안빠오

### 蛋塔
탄따

### 明太子法國麵包
밍타이즈파궈미엔빠오

### 杏仁可頌
씽런커쑹

P.156 춘수이당 春水堂

**HOW TO GO** ㅣ 쭝쩡찌니엔탕中正紀念堂 역 5번 출구 도보 3분
Google Map ㅣ 25.036756, 121.519044

## 珍珠奶茶
쩐쭈나이차

## 黑豬肉香腸
해이쭈러우샹창

## 招牌豆干
짜오파이떠우깐

---

P.159 85℃ 85度C

**HOW TO GO** ㅣ 시먼西門 역 1번 출구 도보 2분
Google Map ㅣ 25.041666, 121.507223

## 海岩咖啡
하이옌카페이

---

P.162 뚱시엔탕 冬仙堂

**HOW TO GO** ㅣ 시먼西門 역 1번 출구 도보 2분
Google Map ㅣ 25.042566, 121.506354

## 冬瓜茶
뚱꽈차

---

P.160 펑다카페
蜂大咖啡

## 蜂大水滴冰咖啡
펑다쉐이띠삥카페이

## 核桃酥
허타우쑤

**HOW TO GO** ㅣ 시먼西門 역 1번 출구 도보 10분     Google Map ㅣ 25.040051, 121.502629

---

P.164 카이먼차탕
開門茶堂

**HOW TO GO** ㅣ 타이베이샤오쮀딴台北小巨蛋 역 1번 출구 도보 15분
Google Map ㅣ 25.057748, 121.553259

## 狀元包種
장위엔파오종

(왼쪽음식)
## 英格蘭奶香曲奇
잉거란나이샹취치

(오른쪽음식)
## 香草七里胡桃,
샹차오치리후타오

## 丹鳳烏龍
딴펑우롱

(왼쪽음식)
## 茶香蛋白霜
차시양딴바이샹

(오른쪽음식)
## 核桃糕
허타오까오

P.167 용푸뼁치린 永富冰淇淋

**HOW TO GO** | 시먼西門 역 1번 출구 도보 3분
**Google Map** | 25.039710, 121.504022

花生 화성
雞蛋 찌딴
紅豆 홍또우

P.168 마오펑화성탕
茂豐花生湯

**HOW TO GO** | 베이먼北門 역 3번 출구 도보 10분
**Google Map** | 25.055058, 121.510192

杏仁露
싱런루

花生湯
화성탕

---

P.170 8%ICE

**HOW TO GO** | 동먼東門 역 5번 출구 도보 3분
**Google Map** | 25.032545, 121.530077

玄米抹茶
쉬엔미머차

鮮果棒
시엔궈빵

義式冰淇淋
이쓰뼁치린

P.176 사오또우화
騷豆花

**HOW TO GO** | 궈푸찌니엔관國父紀念館 역 1번 출구 도보 3분
**Google Map** | 25.042726, 121.555490

騷豆花
사오또우화

P.172 바이후즈
白鬍子

**HOW TO GO** | 쭝샤오뚜언화忠孝敦化 역 2번 출구 도보 5분
**Google Map** | 25.043043, 121.552256

蜂蜜威士忌
펑미웨이스찌

草莓豆花
차오메이또우화

P.178 시아수티엔핀
夏樹甜品

**HOW TO GO** | 따차오터우大橋頭역 1번출구 도보 8분
**Google Map** | 25.059964, 121.509283

杏仁豆腐雪花水
싱런떠우푸쉐화뼁

杏仁豆腐
싱런떠우푸

芒果西瓜豆花
망궈시꽈또우화

015

# T A I W A N

# R E S T A U R A N T

-

# M R T   M A P

여행 일정과 맛집 탐방을 함께 계획할 수 있도록
책에 수록된 모든 대만 맛집을
대만지하철(MRT) 중심으로 정리했습니다.